关于BIM技术
在老旧小区改造低能耗控制中的研究应用

梁 斌◎著

吉林大学出版社

·长春·

图书在版编目(CIP)数据

关于BIM技术在老旧小区改造低能耗控制中的研究应用 / 梁斌著. -- 长春：吉林大学出版社，2022.5
ISBN 978-7-5768-0057-9

Ⅰ.①关… Ⅱ.①梁… Ⅲ.①居住建筑－旧房改造－节能－研究 Ⅳ.①TU984.12

中国版本图书馆CIP数据核字(2022)第142684号

书　　名	关于BIM技术在老旧小区改造低能耗控制中的研究应用
	GUANYU BIM JISHU ZAI LAOJIU XIAOQU GAIZAO
	DINENGHAO KONGZHI ZHONG DE YANJIU YINGYONG
作　　者	梁斌 著
策划编辑	李伟华
责任编辑	李伟华
责任校对	李潇潇
装帧设计	左图右书
出版发行	吉林大学出版社
社　　址	长春市人民大街4059号
邮政编码	130021
发行电话	0431-89580028/29/21
网　　址	http://www.jlup.com.cn
电子邮箱	jdcbs@jlu.edu.cn
印　　刷	湖北诚齐印刷股份有限公司
开　　本	787mm×1092mm　1/16
印　　张	13.75
字　　数	300千字
版　　次	2022年5月　第1版
印　　次	2022年5月　第1次
书　　号	ISBN 978-7-5768-0057-9
定　　价	68.00元

作者简介

　　梁斌,男,1977年生,汉族,郑州人,本科学历,高级工程师,研究方向是建筑设计、BIM技术、低能耗研究应用。现任中科瑞城设计有限公司董事长、总建筑师,国家一级注册建筑师、高级工程师。连续多年被评为"河南省优秀勘察设计院院长",获得"河南省十大杰出工程设计师"、"河南省第三届青年豫商十大先锋人物"等荣誉称号,2019年入选"河南青年企业家后备人才库",2020年5月被二七区政府评为首批"二七英才"。任中科瑞城设计有限公司董事长兼总建筑师期间,一直从事企业管理及建筑设计工作,一直把建筑师的使命与责任作为自己的行为准则,拥有丰富的设计经验,负责的多个项目荣获"河南省优秀勘察设计奖"、"河南省土木建筑科学技术奖"、"郑州市优秀工程勘察设计奖"、"河南省工程勘察设计行业BIM技术大赛优秀奖"等多项奖项荣誉。作为企业负责人,严格制订公司的制度与流程,注重企业自身的发展与革新,不断扩大公司在省内同行业的影响力。注重科技创新,以工程技术为指导,始终将技术创新放在第一位,在梁斌董事长的带领下,公司连年获得"省、市级优秀勘察设计单位"、"精神文明先进单位"、"AAA级诚信单位"、"五一劳动奖状"、"优秀基层党组织等多种荣誉称号"。

前言

当今社会,生态、节能、可持续发展已成为人居环境建设必然的发展方向。要建设生态文明,必须形成节约能源、资源和保护生态环境的产业结构、增长方式、消费模式。倡导生态文明建设,不仅对我国自身发展有深远影响,也是中华民族面对全球日益严峻的生态环境问题做出的庄严承诺。建筑的发展一方面推动了经济的高速发展,成为经济发展的重要支柱之一;另一方面,也带来了巨大的能源消耗。在目前的技术水平条件下,不可再生能源的加速消耗和地球环境的日益恶化,也为人类的可持续发展设置了障碍,因此,建筑节能是建设生态文明的重要任务。

现阶段老旧小区建筑能耗控制不能实现真正意义上的低能耗,根本原因在于此类型建筑的社区能耗控制体系标准不完善、建筑运行过程数据监管不到位,节能改造无法真正地实现从设计到后期使用的顺利衔接。

造成建筑能耗不断攀升的直接原因:一是房屋建筑面积持续增加。当前,我国正处在房屋建设的高潮时期,每年建筑面积超过发达国家每年建筑面积的总和,。二是居民家用电器的数量快速增长。电视机、电冰箱、洗衣机、电炊具、淋浴热水器等已成为一般家庭的必备用品,计算机正快速进入家庭,这些电器对电的需求很大。三是人们对建筑热舒适性的要求越来越高。房屋采暖和空调制冷的地域在不断扩大,时间也在延长,能源的消耗随之增加。

我们将以BIM技术为核心信息载体,通过传感系统和物联网平台进行数据信息采集,研发一种建筑运行管理一体化的实时建筑能耗控制体系动态模型,结合建筑节能低能耗改造相关标准,建立建筑节能管理系统,使居住区内及单体建筑的照明、空调、电气设备、供热、供水、环境等运行过程能够实时被监控及直观模拟,通过采集数据实时分析,实现建筑能耗运行智能化管理,从而合理管控居住区内的设备系统及其运行环境,进而达到对老旧小区建筑进行有效节能改造控制。

目 录

第一章 BIM技术与建筑节能

第一节 BIM技术的基本理论

一、BIM的定义

目前,国内外关于BIM(建筑信息模型,building information modeling,简称BIM)的定义或解释有多种版本,现介绍几种常用的BIM定义。

(一)McGraw Hill集团的定义

McGraw Hill(麦克格劳·希尔)集团在2009年的一份BIM市场报告中将BIM定义为:"BIM是利用数字模型对项目进行设计、施工和运营的过程。"[①]

(二)美国国家BIM标准的定义

美国国家BIM标准(NBIMS)对BIM的含义进行了4个层面的解释:"BIM是一个设施(建设项目)物理和功能特性的数字表达;一个共享的知识资源;一个分享有关这个设施的信息,为该设施从概念到拆除的全生命周期中的所有决策提供可靠依据的过程;在项目不同阶段,不同利益相关方通过在BIM中插入、提取、更新和修改信息,以支持和反映其各自职责的协同作业。"[②]

(三)国际标准组织设施信息委员会的定义

国际标准组织设施信息委员会(facilities information council)将BIM定义为:"BIM是利用开放的行业标准,对设施的物理和功能特性及其相关的项目生命周期信息进行数字化形式的表现,从而为项目决策提供支持,有利于更好地实现项目的价值。"[③]在其补充说明中强调,BIM将所有的相关方面集成在一个连贯有序的数据组织中,相关的应用软件在被许可的情况下可以

---

①黄兰,马惠香,蔡佳含,等.BIM应用[M].北京:北京理工大学出版社,2018:7-12.
②郭荣钦.美国国家BIM标准V.3再进化[J].营建知讯.2016,(398):55-61.
③王帅.BIM技术与建筑应用[M].天津:天津大学出版社,2020:24-25.

获取、修改或增加数据。①

根据以上3种对 BIM 的定义、相关文献及资料,可将 BIM 的含义总结为:①BIM 是以三维数字技术为基础,集成了建筑工程项目各种相关信息的工程数据模型,是对工程项目设施实体与功能特性的数字化表达。②BIM 是一个完善的信息模型,能够连接建筑项目生命期不同阶段的数据、过程和资源,是对工程对象的完整描述,提供可自动计算、查询、组合拆分的实时工程数据,可被建设项目各参与方普遍使用。③BIM 具有单一工程数据源,可解决分布式、异构工程数据之间的一致性和全局共享问题,并支持建设项目生命期中动态的工程信息创建、管理和共享,是项目实时的共享数据平台。

二、BIM 的特点

(一)信息完备性

除了对工程对象进行3D几何信息和拓扑关系的描述,还包括完整的工程信息描述,如对象名称、结构类型、建筑材料、工程性能等设计信息;施工工序、进度、成本、质量以及人力、机械、材料资源等施工信息;工程安全性能、材料耐久性能等维护信息;对象之间的工程逻辑关系等。

(二)信息关联性

信息模型中的对象是可识别且相互关联的,系统能够对模型的信息进行统计和分析,并生成相应的图形和文档。如果模型中的某个对象发生变化,与之关联的所有对象都会随之更新,以保持模型的完整性。

(三)信息一致性

在建筑生命期的不同阶段模型信息是一致的,同一信息无需重复输入,而且信息模型能够自动演化,模型对象在不同阶段可以简单地进行修改和扩展而无需重新创建,避免了信息不一致的错误。

(四)可视化

BIM 提供了可视化的思路,让以往在图纸上线条式的构件变成一种三维的立体实物图形展示在人们的面前。BIM 可视化的方面在于能够在构件之间形成互动性,可以用来展示效果图及生成报表。更具应用价值的是,在项目设计、建造、运营过程中,各过程的沟通、讨论、决策都能在可视化的状态下进行。

①徐照.BIM技术与建筑能耗评价分析方法[M].南京:东南大学出版社,2017:45-48.

(五)协调性

在设计时,由于各专业设计师之间的沟通不到位,因而会出现施工中各种专业之间的碰撞问题,例如结构设计的梁等构件在施工中妨碍暖通等专业中的管道布置等。BIM建筑信息模型可在建筑物建造前期将各专业模型汇集在一个整体中,进行碰撞检查,并生成碰撞检测报告及协调数据。

(六)模拟性

BIM不仅可以模拟设计出建筑物模型,还可以模拟难以在真实世界中进行操作的事物,具体表现如下:①在设计阶段,可以对设计上所需数据进行模拟试验,例如节能模拟、日照模拟、热能传导模拟等。②在招投标及施工阶段,可以进行4D模拟(在3D模型中加入项目的发展时间),根据施工的组织设计来模拟实际施工,从而确定合理的施工方案;还可以进行5D模拟(在4D模型中加入造价控制),从而实现成本控制。③后期运营阶段,可以对突发紧急情况的处理方式进行模拟,例如模拟地震中人员逃生及火灾现场人员疏散等。

(七)优化性

整个设计、施工、运营的过程,其实就是一个不断优化的过程,没有准确的信息是做不出合理优化结果的。BIM模型提供了建筑物存在的实际信息,包括几何信息、物理信息、规则信息,还提供了建筑物变化以后的实际存在。BIM及与其配套的各种优化工具提供了对复杂项目进行优化的可能:把项目设计和投资回报分析结合起来,计算出设计变化对投资回报的影响,使得业主明确哪种项目设计方案更有利于自身的需求:对设计施工方案进行优化,可以显著地缩短工期和降低造价。

(八)可出图性

BIM可以自动生成常用的建筑设计图纸及构件加工图纸。通过对建筑物进行可视化展示、协调、模拟及优化,可以帮助业主生成消除了碰撞点、优化后的综合管线图,生成综合结构预留洞图、碰撞检查侦错报告及改进方案等。

第二节 国内外 BIM 应用现状

一、全球 BIM 应用现状

(一)全球 BIM 应用概况

考虑到 BIM 技术的潜在价值,部分研究人员甚至认为 BIM 正引领建筑业进行"史无前例的大变革"。而从各国政府及其附属机构的 BIM 推广措施看,如表 1-1 所示,早在 2003 年,作为美国联邦政府设施运营管理机构的联邦总务局(GSA)即发布了"国家 3D-4D-BIM 项目",开始将 BIM 作为提升项目建设绩效的重要手段。在英国,内阁办公室则于 2011 年发布了《政府建筑业战略》,明确计划,为实现建筑业在减少建设成本、提高生产效率等方面的战略性目标,从 2016 年开始,政府投资项目需要实现全面协同层次的 BIM 应用(Level2,即项目全生命周期的各类文件及数据均实现电子化)。与英国类似,芬兰、韩国、新加坡等国政府及其附属机构近年来亦开始采取各类政策措施,推动 BIM 在相关项目中的应用。2015 年 6 月,我国住房和城乡建设部亦发布了《关于推进建筑信息模型应用的指导意见》,倡导行业对 BIM 技术的研究及应用,并明确了 2020 年末的 BIM 应用目标。

表 1-1　各国政府及其附属机构的 BIM 推广措施

国家	措施发布机构	年份	措施内容
美国	联邦总务局	2003	作为美国联邦政府设施的运营管理机构,联邦总务局(GSA)于 2003 年发布了"国家 3D-4D-BIM 项目"。从 2007 财政年度开始,CSA 对其所有对外招标的重点项目均给予专项资金支持,支持 BIM 技术在项目中的应用。
	陆军工程兵团	2006	美国陆军工程兵团(USACE)于 2006 年发布了为期 15 年的 BIM 发展规划,分阶段推行 BIM 在所属项目中的应用。
	威斯康兴州等州政府	2009	从 2009 年开始,威斯康星州、得克萨斯州的州政府强制要求在州属公共项目中应用 BIM 技术。

国家	措施发布机构	年份	措施内容
英国	内阁办公室	2011	英国内阁办公室（Cabinffice）于2011年发布了《政府建筑业战略》，明确计划，政府投资项目从2016年开始需要实现全面协同层次的BIM应用（Level2，即项目全生命周期的各类文件及数据均实现电子化），并成立了专门的BIM任务小组，以保障相关计划有效实施。
芬兰	SenatePropeties	2007	作为芬兰国有物业的管理机构（国有企业），SenateProperties于2007年10月开始强制要求其所属新建项目进行BIM应用。
韩国	公共采购服务中心	2010	作为韩国公共产品及服务的采购部门，韩国公共采购服务中心（PPS）于2010年4月发布了BIM应用路线图，制定了在所属公共项目中进行强制性BIM应用的分阶段计划，并于当年12月发布了《设施管理BIM应用指南》，为所属项目在全生命周期各阶段的BIM应用提供指导。
新加坡	建设局	2011	作为新加坡建筑行业的主管部门，新加坡建设局（BCA）于2011年发布了BIM应用规划，确定了推动BIM技术在行业项目中进行应用的分阶段目标，而其CORENET电子提交系统亦于2011年1月开始接受基于BIM的建筑图纸提交。为保障BIM应用规划的实施，BCA于2012年5月发布了《新加坡BIM指南》，并于2013年8月发布了指南第二版本。

尽管BIM已开始得到越来越广泛的重视，但从全球范围来看，其整体扩散过程仍较为缓慢且存在明显的地区不平衡性。事实上，BIM的相关理念及技术原型早在20世纪70年代中期便已被提出，具备相关理念的软件（如ArchiCAD3.0）在20世纪80年代也已开始商业化。然而，BIM在工程项目设计施工过程中的大规模应用，则始于21世纪初期，较之Two-Dimensional Computer-Aided Design（2DCAD）、Electronice Document Management（EDM）等其他信息技术，BIM在建筑业内的扩散要更为缓慢。尽管McGraw-HillConstruction对美国、韩国BIM应用情况的调查显示，两国建筑业进行BIM应用的行业人员数量在近年来得到了较为明显的增长，但从全球范围来看，BIM在行业内的扩散仍处于初级阶段。例如，在英国这一建筑业发展水平较高且政府已颁布BIM强制性推广措施的国家，国家建筑标准委员会NBS的调查却显示，在2013年仍有73%的应答者认为"行业参与人员对BIM并未有清

楚认识"[①],而与2013年的调查相比,2014年BIM在行业内的应用率甚至出现了下降。在我国,虽然McGraw-Hill Construction于2015年对我国建筑业BIM应用情况的调查结果显示,中国的设计与施工企业计划在未来两年内大幅提升自身的BIM应用率,增幅率预测达到108%,超过全球平均值95%,且目前的非BIM用户普遍对BIM的采用持开明态度并对其应用潜力表示乐观;但过去十年中BIM在我国的扩散进程,尚未呈现出类似于2DCAD在20世纪90年代的快速发展局面。

当下,我国许多建筑企业已经认识到BIM的潜在收益,但多数仍迟于采纳和应用,一些企业采购了相关软硬件设备,但遗憾的是多成为摆设,BIM技术并没有被企业有效地应用。许多学者指出虽然技术创新被广泛视为提升行业效率的主要动力和源泉,但若不能被有效应用,则其引致的潜在收益并不能有效实现。而且,IFC标准等技术问题并不是当下BIM应用的瓶颈,其主要问题在于实施环节。现有研究表明,源自技术、组织、流程等不同角度的各类障碍严重影响了组织对于BIM技术的吸纳和应用能力。如何应对这些实施障碍,提高建筑业企业的BIM技术应用能力,是进一步推动BIM技术行业扩散、促进建筑行业变革过程中亟待解决的问题。[②]

(二)参与方BIM应用状况

从建设意图的产生到项目废除,工程项目的全生命周期可划分为决策、设计、施工、使用(运行或运营)等多个阶段。相关数据统计表明,设计BIM的信息贡献率达到建设项目全部信息的80%以上,设计阶段的BIM模型是建筑物全生命周期BIM应用信息的主要来源。从全球范围内的工程项目BIM应用实践看,设计阶段是目前BIM在项目全生命周期内的最主要应用阶段。根据McGraw-Hill Construction在2010年、2012年、2014年分别针对西欧地区(英国、德国、法国)、韩国、澳大利亚和新西兰的BIM应用情况的调研结果,BIM在设计企业(指建筑设计企业)中的采纳率要明显高于在其他阶段的采纳率。其中,英国有约56%的建筑设计企业应用BIM,澳大利亚和新西兰设计企业的深度BIM应用率为61%。而北美地区早期的BIM应用亦主要由建筑设计人员所引领,MeGraw-Hill Construction于2012年针对北美BIM应

---

①佟铁. 走出BIM的认识误区[J]. 工程建设标准化,2015,No. 203(10):18-19.
②王鹏. 建筑设计BIM实战应用[M]. 西安:西安交通大学出版社,2016:113-114.

用情况的调研结果表明,有70%的建筑设计企业应用BIM,是BIM最主要的应用群体之一。

我国建筑业的BIM应用实践发端于2004年左右。其时,在国家游泳馆(即"水立方")项目等投资规模较大、建筑造型较为复杂的公共投资项目中,受项目国外合作伙伴企业的影响,我国部分建筑设计企业开始尝试应用BIM相关软件进行复杂建筑结构形式的表达。我国早期其他建设工程项目的BIM应用实践,亦多是由项目设计方(尤其是建筑设计专业)所引领的。McGraw-Hill Construction于2015年发布的《中国BIM应用价值研究报告》表明,中国设计企业的BIM应用率为54%,且应用经验丰富,几乎一半的大型设计企业(46%)应用BIM的时间已经超过5年,同时小型设计企业的新晋用户占比最高(38%),预示着这类企业对BIM的兴趣正日益浓厚。未来两年内,在30%以上的项目中应用BIM的中国设计企业在国内设计企业总数中的占比预计将为现在的两倍左右。同济大学王广斌团队针对全国工程项目的BIM应用行为调研结果亦表明,设计方在76.42%的被调研项目中涉入了BIM应用过程,且在40.57%项目的BIM应用过程中发挥了"主导"角色(即领导、协调项目的整体BIM应用过程)。此外,根据上海市2015年底发布的《上海市建筑信息模型技术应用情况普查》结果,在有效反馈的162个BIM应用项目中,设计单位直接参与的项目达到126个,占项目总数的81.5%,是上海市建设工程项目最主要的BIM应用群体。虽然目前业主方、施工方、咨询方(包括监理、项目管理、专业BIM顾问)乃至少数物业管理单位等项目参与方都逐渐开始重视与应用BIM,设计方在BIM应用中的主角地位仍是不可撼动的。但我国设计企业对BIM技术的涉入与采纳率虽高,而其深度应用率与应用水平却稍显不足,有接近半数(46%)的中国设计企业只具有较低的BIM应用率(在不到15%的项目中应用BIM),而施工企业中的这一比例仅为31%。此外,BIM应用可以帮助部署BIM的企业创造诸多直接内部效益,例如,提升企业作为行业领导者的形象、缩短客户审批周期、提升利润、减少法律纠纷或保险索赔等。但与设计企业相比有一个显著的总体趋势是,获得各类效益的施工企业占比都更高。美国的研究结果同样表明,虽然设计方引领着建筑行业的BIM应用,但其所获得的预期收益却是整个BIM链条中最小的。因此,在设计方占据BIM应用先锋与主导地位的背景下,解决应用普及与应用受益之间的不平衡,切实提升设计企业的BIM应用能力至关重要。

二、BIM 技术在国外的应用

(一)BIM 在美国的应用现状

BIM 技术起源于美国 Chuck Eastman 博士于 20 世纪末提出的建筑计算机模拟系统(Building Description System)。根据 Chuck Eastman 博士的观点，BIM 是在建筑生命周期对相关数据和信息进行制作和管理的流程。从这个意义上讲，BIM 可称为对象化开发或 CAD 的深层次开发，抑或为参数化的 CAD 设计，即对二维 CAD 时代产生的信息孤岛进行再组织基础上的应用。[①]

随着信息的不断扩展，BIM 模型也在不断地发展成熟。在不同阶段，参与者对 BIM 的需求关注度也不一样，而且数据库中的信息字段也可以不断扩展。因此，BIM 模型并非一成不变，从最开始的概念模型、设计模型到施工模型再到设施运维模型，一直不断在成长。

美国是较早启动建筑业信息化研究的国家。发展至今，其在 BIM 技术研究和应用方面都处于世界领先地位。目前，美国大多建筑项目已经开始应用 BIM，BIM 的应用点也种类繁多，并且创建了各种 BIM 协会，出台了 NBIM 标准。根据 MeGrawHill 的调研，2012 年美国工程建设行业采用 BIM 的比例从 2007 年的 28%，增长至 2009 年的 49%，直至 2012 年的 71%。其中有 74% 的承包商、70% 的建筑师及 67% 的机电工程师已经在实施 BIM。

在美国，首先是建筑师引领了早期的 BIM 实践，随后是拥有大量资金以及风险意识的施工企业相应参与。当前，美国建筑设计企业与施工企业在 BIM 技术的应用方面旗鼓相当且相对比较成熟，而在其他工程领域的发展却比较缓慢。在美国，Chuck 认可的施工方面 BIM 技术应用包括：①使用 BIM 进行成本估算；②基于 4D 的计划与最佳实践；③碰撞检查中的创新方法；④使用手持设备进行设计审查和获取问题；⑤计划和任务分配中的新方法；⑥现场机器人的应用；⑦异地构件预制。

根据美国某研究调研中得出 2014 年度 BIM 应用与效益数据，可以看出 BIM 技术在美国不同应用点上的常用程度与最佳使用程度对比。针对 BIM 的不同应用点，一些应用点 BIM 使用率完美，如 3D 协调、设计方案论

---

①Chuck Eastman.BIM 建筑资讯建模手册[M].台北：松岗资产管理股份有限公司，2013：36-39

证、设计审查;有些则与最佳使用率差距较大,如子计划(4D建模)、数字施工等。

(二)BIM在英国的应用现状

2010年、2011年英国NBS组织了全英的BIM调研,从网上1000份调研问卷中最终统计出英国的BIM应用状况。从统计结果可以发现:2010年,仅有13%的人在使用BIM,而43%的人从未听说过BIM;2011年,有31%的人在使用BIM,48%的人听说过BIM,而21%的人对BIM一无所知。还可以看出,BIM在英国的推广趋势十分明显,调查中有78%的人同意BIM是未来趋势,同时有94%的受访人表示会在5年之内应用BIM。

与大多数国家相比,英国政府要求强制使用BIM。2011年5月,英国内阁办公室发布了"政府建设战略"文件,其中关于建筑信息模型的章节中明确要求:到2016年,政府要求全面协同的3D/BIM,并将全部的文件以信息化管理。为了实现这一目标,文件制定了明确的阶段性目标,如2011年7月发布BIM实施计划;2012年4月,为政府项目设计一套强制性的BIM标准;2012年夏季,BIM中的设计、施工信息与运营阶段的资产管理信息实现结合;2012年夏天起,分阶段为政府所有项目推行BIM计划;至2012年7月,在多个部门确立试点项目,运用3D/BIM技术来协同交付项目。文件也承认由于缺少兼容性的系统、标准和协议,以及客户和主导设计师的要求存在区别,大大限制了BIM的应用。因此,政府将重点放在制定标准上,确保BIM链上的所有成员能够通过BIM实现协同工作。

政府要求强制使用BIM的文件得到了英国建筑业BIM标准委员会的支持。英国建筑业BIM标准委员会已于2009年11月发布了英国建筑业BIM标准,2011年6月发布了适用于Revit的英国建筑业BIM标准,2011年9月发布了适用于Bentley的英国建筑业BIM标准。这些标准的制定都为英国的AEC企业从CAD过渡到BIM提供了切实可行的方案和程序,例如如何命名模型、如何命名对象、单个组件的建模、与其他应用程序或专业的数据交换等。特定产品的标准是为了在特定BIM产品应用中解释和扩展通用标准中的一些概念。标准编委会成员均来自建筑行业,他们熟悉建筑流程,熟悉BIM技术,所编写的标准能有效地应用于生产实际。

针对政府建设战略文件,英国内阁办公室于2012年起开始每年都发布"年度回顾与行动计划更新"报告。报告中分析本年度BIM的实施情况与

BIM 相关的法律、商务、保险条款以及标准的制定情况,并制订近期 BIM 实施计划,促进企业、机构研究基于 BIM 的实践。

伦敦是众多全球领先设计企业的总部,如 Foster and Partners、Zaha Hadid Architets、BDP 和 Arup Sports;也是很多领先设计企业的欧洲总部,如 HOK、SOM 和 Gensler。在这样环境下,其政府发布的强制使用 BIM 文件可以得到有效执行。因此,英国的 BIM 应用处于领先水平,发展速度更快。

(三)BIM 在新加坡的应用现状

新加坡负责建筑业管理的国家机构是建筑管理署(以下简称 BCA)。在 BIM 这一术语引进之前,新加坡当局就注意到信息技术对建筑业的重要作用。早在 1982 年,BCA 就有了人工智能规划审批的想法;2000～2004 年,发展 CORENET(Construction and Real Estate NET work)项目,用于电子规划的自动审批和在线提交,研发了世界首创的自动化审批系统。2011 年,BCA 发布了新加坡 BIM 发展路线规划,规划明确推动整个建筑业在 2015 年前广泛使用 BIM 技术。为了实现这一目标,BCA 分析了面临的挑战,并制定了相关策略。

截至 2014 年底,新加坡已出台了多个清除 BIM 应用障碍的主要策略,包括:2010 年 BCA 发布了建筑和结构的模板;2011 年 4 月发布了 M&E 的模板;与新加坡 building SMART 分会合作,制定了建筑与设计对象库,并发布了项目协作指南。

为了鼓励早期的 BIM 应用者,BCA 为新加坡的部分注册公司成立了 BIM 基金,鼓励企业在建筑项目上把 BIM 技术纳入其工作流程,并运用在实际项目中。BIM 基金有以下用途:支持企业建立 BIM 模型,提高项目可视力及高增值模拟,提高分析和管理项目文件能力;支持项目改善重要业务流程,如在招标或者施工前使用 BIM 做冲突检测,达到减少工程返工量(低于 10%)的效果,提高生产效率 10%。

每家企业可申请总经费不超过 10.5 万新加坡元,涵盖大范围的费用支出,如培训成本、咨询成本、购买 BIM 硬件和软件等。基金分为企业层级和项目协作层级,公司层级最多可申请 2 万新元,用以补贴培训、软件、硬件及人工成本;项目协作层级需要至少 2 家公司的 BIM 协作,每家公司、每个主要专业最多可申请 3.5 万新元,用以补贴培训、咨询、软件及硬件和人力成本。申请的企业必须派员工参加 BCA 学院组织的 BIM 建模或管理技能课程。在创造需求方面,新加坡政府部门决定必须带头在所有新建项目中明确提出BIM 需求。2011 年,BCA 与一些政府部门合作确立了示范项目。BCA 将强制要求提交建筑 BIM 模型(2013 年起)、结构与机电 BIM 模型(2014 年起),并且最终在 2015 年前实现所有建筑面积大于 5000㎡ 的项目都必须提交 BIM 模型的目标。

在建立 BIM 能力与产量方面,BCA 鼓励新加坡的大学开设 BIM 的课程、为毕业学生组织密集的 BIM 培训课程、为行业专业人士建立了 BIM 专业学位。

(四)BIM 在北欧国家的应用现状

北欧国家包括挪威、丹麦、瑞典和芬兰,是一些主要的建筑业信息技术的软件厂商所在地,如 Tekla 和 Solibri,而且对发源于邻近匈牙利的 ArchiCAD 的应用率也很高。因此,这些国家是全球最先一批采用基于模型设计的国家,并且也在推动建筑信息技术的互用性和开放标准(主要指 IFC)。由于北欧国家冬季漫长多雪的地理环境,建筑的预制化显得非常重要,这也促进了包含丰富数据、基于模型的 BIM 技术的发展,使这些国家及早地进行了 BIM 部署。

与上文描述其他国家不同,北欧 4 国政府并未强制要求使用 BIM,但由于当地气候的要求以及先进建筑信息技术软件的推动,BIM 技术的发展主要是企业的自觉行为。Senate Properties 是一家芬兰国有企业,也是荷兰最大的物业资产管理公司。2007 年,Senate Properties 发布了一份建筑设计的BIM 要求,要求中规定:"自 2007 年 10 月 1 日起,Senate Properties 的项目仅强制要求建筑设计部分使用 BIM,其他设计部分可根据项目情况自行决定是否采用 BIM 技术,但目标将是全面使用 BIM。"该要求还提出:"在设计招标阶段将有强制的 BIM 要求,这些 BIM 要求将成为项目合同的一部分,具有法律约束力;建议在项目协作时,建模任务需创建通用的视图,需要准确的定义;需要提交最终 BIM 模型,且建筑结构与模型内部的碰撞需要进行存档,并且建模流程分为 4 个阶段:SpatialGroupBIM、Spatial BIM、Pre-liminary Building Element BIM 和 Building Element BIM。"[①]

---

①刘霖,郭清燕,王萍.BIM 技术概论[M]. 天津:天津科学技术出版社,2018:24-25

（五）BIM在日本的应用现状

在日本，有"2009年是日本的BIM元年"之说。大量的日本设计公司、施工企业开始应用BIM，而日本国土交通省也在2010年3月表示：已选择一项政府建设项目作为试点，探索BIM在设计可视化、信息整合方面的价值及实施流程。

2010年秋天，日经BP社调研了517位设计院、施工企业及相关建筑行业从业人士，了解他们对于BIM的认知度与应用情况。结果显示，BIM的知晓度从2007年的30.2%提升至2010年的76.49%。2008年的调研结果显示，采用BIM的最主要原因是BIM绝佳的展示效果，而2010年采用BIM主要用于提升工作效率。仅有7%的业主要求施工企业应用BIM，这也表明日本企业应用BIM更多是企业的自身选择与需求，日本33%的施工企业已经应用BIM，在这些企业当中近90%是在2009年之前开始实施的。

日本软件业较为发达，在建筑信息技术方面也拥有较多的国产软件。日本BIM相关软件厂商认识到：BIM是多个软件来互相配合而达到数据集成的目的的基本前提。因此，多家日本BIM软件商在IAI日本分会的支持下，以福井计算机株式会社为主导，成立了日本国国产解决方案软件联盟。

此外，日本建筑学会于2012年7月发布了日本BIM指南，从BIM团队建设、BIM数据处理、BIM设计流程、应用BIM进行预算、模拟等方面为日本的设计院和施工企业应用BIM提供了指导。

三、BIM技术在国内的应用

（一）BIM技术在中国香港地区的应用

中国香港地区的BIM发展也主要靠行业资深的推动。早在2009年，中国香港就成立了香港BIM学会。2010年时，中国香港地区BIM学会主席梁志旋表示，中国香港地区的BIM技术应用目前已经完成从概念到实用的转变，处于全面推广的最初阶段。

中国香港地区房屋署自2006年起，已率先试用BIM。为了成功地推行BIM，自行订立了BIM标准、用户指南、组建资料库等设计指引和参考。这些资料有效地为模型建立、管理档案以及用户之间的沟通创造了良好的环境。2009年11月，中国香港地区房屋署发布了BIM应用标准。

（二）BIM技术在中国台湾地区的应用

自2008年起，"BIM"这个名词在中国台湾地区的建筑营建业开始被热烈地讨论，中国台湾地区的产官学界对BIM的关注度也十分之高。

早在2007年，国立中国台湾地区大学与Autodesk签订了产学合作协议，重点研究BIM及动态工程模型设计。2009年，国立台湾大学土木工程系成立了"工程信息仿真与管理研究中心"（简称BIM研究中心），建立技术研发、教育训练、产业服务、与应用推广的服务平台，促进BIM相关技术与应用的经验交流、成果分享、人才培训与产官学研合作。为了调整及补充现有合同内容在应用BIM上之不足，BIM中心与淡江大学工程法律研究发展中心合作，并在2011年11月出版了《工程项目应用建筑信息模型之契约模板》一书，并特别提供合同范本与说明，让用户能更清楚了解各项条文的目的、考虑重点与参考依据。高雄应用科技大学土木系也于2011年成立了工程资讯整合与模拟研究中心。此外，国立交通大学、国立台湾科技大学等对BIM进行了广泛的研究，极大地推动了中国台湾地区对于BIM的认知与应用。

中国台湾地区有几家公转民的大型工程顾问公司与工程公司，由于一直承接政府大型公共建设，财力、人力资源雄厚，所以对于BIM有一定的研究并有大量的成功案例。2010年元旦，台湾世曦工程顾问公司成立BIM整合中心；2011年9月，中兴工程顾问股份3D/BIM中心成立；此外，亚新工程顾问股份有限公司也成立了BIM管理及工程整合中心。中国台湾地区的小规模建筑相关单位，囿于高昂的软件价格，对于BIM的软硬件投资有些踌躇不前，是目前民间企业BIM普及的重要障碍。

中国台湾地区的政府层级对BIM的推动有两个方向。一方面是对于建筑产业界，政府希望其自行引进BIM应用，官方并没有具体的辅导与奖励措施。对于新建的公共建筑和公有建筑，其拥有者为政府单位，工程发包监督都受政府的公共工程委员会管辖，并且要求在设计阶段与施工阶段都以BIM完成。另一方面，台北市、新北市、台中市都是直辖市，这3个市的建筑管理单位为了提高建筑审查的效率，正在学习新加坡的E-Summision，致力于日后要求设计单位申请建筑许可时必须提交BIM模型，委托公共资讯委员会研拟编码工作，参照美国MasterFormat的编码，根据台湾地区性现况制作编码内容。预计两年内会从公有建筑物开始试办。如台北市政府于2010年启动了"建造执照电脑辅助查核及应用之研究"，并先后公开举办了三场专家座谈会：第一场为"建筑资讯模型在建筑与都市设计上的运用"，第二场为"建造执照审查电子化及 BIM 设计应用之可行性"，第三场为"BIM 永续推动及发展目标"。2011 年和 2012 年，台北市政府又举行了"台北市政府建造执照应用 BIM 辅助审查研讨会"，邀请产官学各界的专家学者齐聚一堂，从不同方面就台北市政府的研究专案说明、推动环境与策略、应用经验分享、工程法律与产权等课题提出专题报告并进行研讨。这一产官学界的公开对话，被业内喻为"2012 台北 BIM 愿景"。

（三）BIM 技术在大陆的应用

近来 BIM 在大陆建筑业形成一股热潮，除了前期软件厂商的大声呼吁外，政府相关单位、各行业协会与专家、设计单位、施工企业、科研院校等也开始重视并推广 BIM。

在行业协会方面，2010 年和 2011 年，中国房地产业协会商业地产专业委员会、中国建筑业协会工程建设质量管理分会、中国建筑学会工程管理研究分会、中国土木工程学会计算机应用分会组织并发布了《中国商业地产 BIM 应用研究报告 2010》和《中国工程建设 BIM 应用研究报告 2011》，一定程度上反映了 BIM 在我国工程建设行业的发展现状。根据两届的报告知晓，关于 BIM 的知晓程度从 2010 年的 60% 提升至 2011 年的 87%。2011 年，共有 39% 的单位表示已经使用了 BIM 相关软件，而其中以设计单位居多。

在科研院校方面，早在 2010 年，清华大学通过研究，参考 NBIMS，结合调研提出了中国建筑信息模型标准框架（简称 CBIMS），并且创造性地将该标准框架分为面向 IT 的技术标准与面向用户的实施标准。

在产业界，前期主要是设计院、施工单位、咨询单位等对 BIM 进行一些尝试。最近几年，业主对 BIM 的认知度也在不断提升，SOHO 董事长潘石屹已将 BIM 作为 SOHO 未来三大核心竞争力之一；万达、龙湖等大型房产商也在积极探索应用 BIM；上海中心、上海迪士尼等大型项目要求在全生命周期中使用 BIM，BIM 已经是企业参与项目的门槛；其他项目中也逐渐将 BIM 写入招标合同，或者将 BIM 作为技术标的重要亮点。国内大中小型设计院在 BIM 技术的应用也日臻成熟，国内大型工、民用建筑企业也开始争相发展企业内部的 BIM 技术应用，山东省内建筑施工企业如青建集团股份、山东天齐集团、潍坊昌大集团等已经开始推广 BIM 技术应用。BIM 在国内的成功应用有奥运村空间规划及物资管理信息系统、南水北调工程、中国香港地区地铁项目等。目前来说，大中型设计企业基本上拥有了专门的BIM团队，有一定的BIM实施经验；施工企业起步略晚于设计企业，不过很多大型施工企业也开始了对BIM的实施与探索，并有一些成功案例，目前运维阶段的BIM还处于探索研究阶段。

我国建筑行业BIM技术应用正处于由概念阶段转向实践应用阶段的重要时期，越来越多的建筑施工企业对BIM技术有了一定的认识并积极开展实践，特别是BIM技术在一些大型复杂的超高层项目中得到了成功应用，涌现出一大批BIM技术应用的标杆项目。在这个关键时期，我国住房和城乡建设部（后简称住建部）及各省市相关部门出台了一系列政策推广BIM技术。

2011年5月，住建部发布的《2011—2015年建筑业信息化发展纲要》（建质[2011]67号）中明确指出：在施工阶段开展BIM技术的研究与应用，推进BIM技术从设计阶段向施工阶段的应用延伸，降低信息传递过程中的衰减；研究基于BIM技术的4D项目管理信息系统在大型复杂工程施工过程中的应用，实现对建筑工程有效的可视化管理等。文件中对BIM提出7点要求：一是推动基于BIM技术的协同设计系统建设与应用；二是加快推广BIM在勘察设计、施工和工程项目管理中的应用，改进传统的生产与管理模式，提升企业的生产效率和管理水平；三是推进BIM技术、基于网络的协同工作技术应用，提升和完善企业综合管理平台，实现企业信息管理与工程项目信息管理的集成，促进企业设计水平和管理水平的提高；四是研究发展基于BIM技术的集成设计系统，逐步实现建筑、结构、水暖电等专业的信息共享及协同；五是探索研究基于BIM技术的三维设计技术，提高参数化、可视化和性能化设计能力，并为设计施工一体化提供技术支撑；六是在施工阶段开展BIM技术的研究与应用，推进BIM技术从设计阶段向施工阶段的应用延伸，降低信息传递过程中的衰减；七是研究基于BIM技术的4D项目管理信息系统在大型复杂工程施工过程中的应用，实现对建筑工程有效的可视化管理。

同时，要求发挥行业协会的4个方面服务作用：一是组织编制行业信息化标准，规范信息资源，促进信息共享与集成；二是组织行业信息化经验和技术交流，开展企业信息化水平评价活动，促进企业信息化建设；三是开展行业信息化培训，推动信息技术的普及应用；四是开展行业应用软件的评价和推荐活动，保障企业信息化的投资效益。

2014年7月1日,住建部发布的《关于推进建筑业发展和改革的若干意见》(建市[2014]92号)中要求,提升建筑业技术能力,推进建筑信息模型(BIM)等信息技术在工程设计、施工和运行维护全过程的应用,提高综合效益。2014年9月12日,住建部信息中心发布《中国建筑施工行业信息化发展报告(2014)BIM应用与发展》。该报告突出了BIM技术时效性、实用性、代表性、前瞻性的特点,全面、客观、系统地分析了施工行业BIM技术应用的现状,归纳总结了在项目全过程中如何应用BIM技术提高生产效率,带来管理效益,收集和整理了行业内的BIM技术最佳实践案例,为BIM技术在施工行业的应用和推广提供了有利的支撑。

2014年10月29日,上海市政府转发上海市建设管理委员会《关于在上海推进建筑信息模型技术应用的指导意见》(沪府办[2014]58号)。首次从政府行政层面大力推进BIM技术的发展,并明确规定:2017年起,上海市投资额1亿元以上或单体建筑面积2万㎡以上的政府投资工程、大型公共建筑、市重大工程,申报绿色建筑、市级和国家级优秀勘察设计、施工等奖项的工程,实现设计、施工阶段BIM技术应用;世博园区、虹桥商务区、国际旅游度假区、临港地区、前滩地区、黄浦江两岸等6大重点功能区域内的此类工程,全面应用BIM技术。

上海关于BIM的通知,做了顶层制度设计,规划了路线图,力度大、可操作性强,为全国BIM的推广做了示范,堪称"破冰",在中国BIM界引来一片叫好声,也象征着住建部制定的《"十二五"信息化发展纲要》中明确提出的"BIM作为新的信息技术,要在工程建设领域普及和应用"[①]的要求正在被切实落实,BIM将成为建筑业发展的核心竞争力。

广东省住建厅2014年9月3日发出《关于开展建筑信息模型BIM技术推广应用工作的通知》(粤建科函[2014]1652号),通知中明确了未来五年广东省BIM技术应用目标:要求到2014年底启动10项以上的BIM;到2015年底,基本建立广东省BIM技术推广应用的标准体系及技术共享平台;到2016年底政府投资2万㎡以上公建以及申报绿建项目的设计、施工应采用BIM技术,省优良样板工程、省新技术示范工程、省优秀勘察设计项目在设计、施工、运营管理等环节普遍应用BIM技术;2020年底2万㎡以上建筑工程普遍

---

①徐崑骅.浅析BIM技术在国外的应用现状[J].建筑工程技术与设计.2018(31):3126-3127.

应用BIM技术。

深圳市住建局2011年12月公布的《深圳市勘察设计行业"十二五"专项规划》提出,"推广运用BIM等新兴协同设计技术"。为此,深圳市成立了深圳工程设计行业BIM工作委员会,编制出版《深圳市工程设计行业BIM应用发展指引》,牵头开展BIM应用项目试点及单位示范评估;促使将BIM应用推广计划写入政府工作白皮书和《深圳市建设工程质量提升行动方案(2014—2018年)》。深圳市建筑工务署根据2013年9月26日深圳市政府办公厅发出的《智慧深圳建设实施方案(2013—2015年)》的要求,全面开展BIM应用工作,先期确定创投大厦、孙逸仙心血管医院、莲塘口岸等为试点工程项目。2014年9月5日,深圳市决定在全市开展为期5年的工程质量提升行动,将推行首席质量官制度、新建建筑100%执行绿色建筑标准;在工程设计领域鼓励推广BIM技术,力争5年内BIM技术在大中型工程项目覆盖率达到10%。

山东省政府办公厅2014年9月19日发布的《关于进一步提升建筑质量的意见》要求,推广BIM技术。

工程建设是一个典型的具备高投资与高风险要素的资本集中过程,一个质量不佳的建筑工程不仅造成投资成本的增加,还将严重影响运营生产,工期的延误也将带来巨大的损失。BIM技术可以改善因不完备的建造文档、设计变更或不准确的设计图纸而造成的每一个项目交付的延误及投资成本的增加。它的协同功能能够支持工作人员可以在设计的过程中看到每一步的结果,并通过计算检查建筑是否节约了资源,或者说利用信息技术来考量对节约资源产生多大的影响。它不仅使得工程建设团队在实物建造完成前预先体验工程,更能产生一个智能的数据库,提供贯穿于建筑物整个生命周期中的支持。它能够让每一个阶段都更透明、预算更精准,更可以被当作预防腐败的一个重要工具,特别是运用在政府工程中。值得一提的是中国第一个全BIM项目——总高632m的"上海中心",通过BIM提升了规划管理水平和建设质量,据有关数据显示,其材料损耗从原来的3%降低到万分之一。

但是,如此"万能"的BIM正在遭遇发展的瓶颈,并不是所有的企业都认同它所带来的经济效益和社会效益。

现在面临的一大问题是BIM标准缺失。目前,BIM技术的国家标准还未正式颁布施行,寻求一个适用性强的标准化体系迫在眉睫。应该树立正确的思想观念:BIM 技术 10% 是软件,90% 是生产方式的转变。BIM 的实质是在改变设计手段和设计思维模式。虽然资金投入大,成本增加,但是只要全面深入分析产生设计 BIM 应用效率成本的原因和把设计 BIM 应用质量效益转换为经济效益的可能途径,再大的投入也值得。技术人员匮乏,是当前 BIM 应用面临的另一个问题,现在国内在这方面仍有很大缺口。地域发展不平衡,比如北京、上海、广州、深圳等工程建设相对发达的地区,BIM 技术有很好的基础,但在东北、内蒙古、新疆等地区,设计人员对 BIM 却知之甚少。

随着技术的不断进步,BIM 技术也和云平台、大数据等技术产生交叉和互动。上海市政府就对,上海现代建筑设计(集团)有限公司提出要求:建立 BIM 云平台,实现工程设计行业的转型。据了解,该 BIM 云计算平台涵盖二维图纸和三维模型的电子交付,2017 年试点 BIM 模型电子审查和交付。现代集团和上海市审图中心已经完成了"白图替代蓝图"及电子审图的试点工作。同时,云平台已经延伸到 BIM 协同工作领域,结合应用虚拟化技术,为 BIM 协同设计及电子交付提供安全、高效的工作平台,适合市场化推广。

第三节 建筑节能的相关政策法规

我国的建筑节能始于 20 世纪八十年代。

1986 年 3 月,发布了《民用建筑节能设计标准(采暖居住建筑部分)》建筑节能率目标是 30%,即新建采暖居住建筑的能耗应在 1980~1981 年当地住宅通用设计耗热水平的基础上降低。

1994 年,建设部制订了《建筑节能"九五"计划和 2010 年规划》。确立了节能的目标、重点、任务、实施措施和步骤。修订《民用建筑节能设计标准(采暖居住建筑部分)》,建筑节能率目标是 50%。

1996 年 9 月,建设部召开全国建筑节能工作会议。在全国范围内部署开展建筑节能工作,执行建筑节能 50% 的标准。

1999 年建设部 76 号令,发布了《民用建筑节能管理规定》。自 2000 年 10 月 1 日起施行。规定对建筑节能的各项任务、内容以及相关责任主体的职责、违反的处罚形式和标准等做出了规定。该规定的施行,对于加强民用建筑节能管理,提高资源利用效率,改善室内热环境发挥了积极的作用。[1]

2005年建设部143号令,发布了修订《民用建筑节能管理规定》。自2006年1月1日起施行。

2006年6月1日起施行《绿色建筑评价标准》。这是为了贯彻执行节约资源和保护环境的基本国策,推进可持续发展,规范绿色建筑的评价而制定的标准。该标准对绿色建筑、热岛强度等术语做了定义,建立了绿色建筑评估指标体系。[2]

2006年9月,建设部印发了《建设部关于贯彻〈国务院关于加强节能工作的决定〉的实施意见》,确定建筑节能到"十一"期末,实现节约1.1亿吨标准煤的目标。开始组织实施"十一"科技支撑计划《建筑节能关键技术研究与示范》等课题研究。

《节约资源法》1997年11月制定,2007年10月修订,2008年4月1日施行。《节约资源法》第四条明确规定:"节约资源是我国的基本国策。国家实施节约与开发并举、把节约放在首位的能源发展战略。"该法在节能管理、合理使用与节约资源、节能技术进步、激励措施、法律责任等方面做出了明确规定。关于建筑节能,该法第三十五条规定:"建筑工程的建设、设计、施工和监理单位应当遵守建筑节能标准。不符合建筑节能标准的建筑工程,建设主管部门不得批准开工建设;已经开工建设的,应当责令停止施工、限期改正;已经建成的,不得销售或者使用。建设主管部门应当加强对在建建筑工程执行建筑节能标准情况的监督检查。"[3]

第四十条规定:"国家鼓励在新建建筑和既有建筑节能改造中使用新型墙体材料等节能建筑材料和节能设备,安装和使用太阳能等可再生能源利用系统。"

《民用建筑节能条例》,2008年7月23日国务院第18次常务会议通过,2008年10月1日施行。条例对新建建筑节能,既有建筑节能、建筑用能系统运行节能和法律责任等做出了明确规定。条例明确了居住建筑、国家机关

---

[1]中国建筑工业出版社编辑部. 民用建筑节能管理规定[M]. 北京:中国建筑工业出版社,2000:73-75.

[2]内蒙古城市规划市政设计研究院. 绿色建筑评价标准[M]. 北京:中国建筑工业出版社,2014:21-22.

[3]赵建中,冯清. 建设工程法律法规[M]. 北京:北京理工大学出版社,2017:113-115.

办公建筑和商业、服务业、教育、卫生等其他公共建筑为民用建筑。[①]

关于既有建筑节能,条例规定,既有建筑节能改造应当根据当地经济、社会发展水平和地理气候等实际情况,有计划、分步骤地实施分类改造。

《公共机构节能条例》,2008年7月23日国务院第18次常务会通过,2008年10月1日施行。条例对公共机构的节能规划、节能管理、节能措施、监督和保障等作出了明确规定。[②]

2006年8月6日,国务院发出《国务院关于加强节能工作的决定》。该决定强调需要充分认识到加强节能工作的重要性和紧迫性,用科学发展观统领节能工作,加快构建节能型产业体系,着力抓好重点领域节能,大力推进节能技术进步,加大节能监督管理力度建立健全节能保障机制,加强节能管理队伍建设和基础工作。

2007年5月23日,国务院发出《国务院关于印发节能减排综合性工作方案的通知》。

关于新建建筑节能,条例规定,城乡规划主管部门依法对民用建筑进行规划审查,对不符合民用建筑节能强制性标准的,不得颁发建设工程规划许可证。施工图设计文件审查机构应当按照民用建筑节能强制性标准对施工图设计文件进行审查;经审查不符合民用建筑节能强制性标准的,县级以上地方人民政府建设主管部门不得颁发施工许可证。设计单位、施工单位、工程监理单位及其注册执业人员,应当按照民用建筑节能强制性标准进行设计、施工、监理。施工单位应当对进入施工现场的墙体材料、保温材料、门窗、采暖制冷系统和照明设备进行查检;不符合施工图设计文件要求的,不得使用。建设单位组织竣工验收应当对民用建筑是否符合民用建筑节能强制性标准进行查检;对不符合民用建筑节能强制性标准的,不得出具竣工验收合格报告。所有新建商品房销售时在买卖合同等文件中要载明耗能量、节能措施等信息。建立并完善大型公共建筑节能运行监管体系。深化供热体制改革,实行供热计量收费。着力抓好新建建筑施工阶段执行能耗限额标准的监管工作,北方地区地级以上城市完成采暖费补贴"暗补"变"明补"改革,在25个示范省市简历大型公共建筑能耗统计、能源审计、能效公示、能效定额制度,实现节能1250万吨标准煤。

①中华人民共和国国务院. 民用建筑节能条例[M]. 北京:中国建筑工业出版社,2008:24-25.
②中华人民共和国国务院. 公共机构节能条例[M]. 北京:中国计量出版社,2008:78-80.

2007年6月1日,国务院办公厅发出《国务院办公厅关于严格执行公共建筑空调温度控制标准的通知》。通知明确规定:"所有公共建筑内的单位,包括国家机关、社会团体、企事业组织和个体工商户,除医院等特殊单位以及在生产工艺上对温度有特定要求并经批准的用户之外,夏季室内空调温度设置不得低于26℃,冬季室内空调温度设置不得高于20℃。一般情况下,空调运行期间禁止开窗。各地可在确保符合上述要求的前提下,根据当地气候条件等实际情况,进一步制定具体的控制标准。各级国家机关要带头厉行节约,严格执行空调温度控制标准,发挥表率作用。"

住房和城乡建设部为了贯彻落实国家关于节能减排和建筑节能法律法规,发布了一系列的实施意见等相关文件,对于推动节能减排和建筑节能工作起到了积极作用。

中国在建筑节能方面已经做了大量卓有成效的工作,并且取得了积极成效。中国的建筑节能从1986年起实施30%的节能标准,1995年起逐步实施50%的节能标准。

目前与建筑节能相关的国家标准及行业标准规范综合篇有:《节能监测技术通则》(GB/T15316—1994);《公共建筑节能设计标准》(GB50189—2005);《建筑采光设计标准》(GB/T50033-2001);《民用建筑节能设计标准》(采暖居住建筑部分)(JGJ26—1995);《夏热冬暖地区居住建筑节能设计标准》(JGJ75—2003);《夏热冬冷地区居住建筑节能设计标准》(JGJ134—2001);《既有采暖居住建筑节能改造技术规程》(JGJ129—2000);《建筑节能工程施工质量验收规范》(GB50411—2007);《住宅性能评定技术标准》(GB/T50362—2005);《绿色建筑评价标准》(GB/T50378—2006);《采暖居住建筑节能检验标准》(JGJ132-2001);《民用建筑能耗数据采集标准》(JGJ/T154—2007);《既有公共建筑节能改造技术规程》(DB37T847—2007);《既有居住建筑节能改造技术规程》(DB37T849—2007);《公共建筑节能改造技术规范》(JGJ176—2009)另外还有墙体材料、保温及相关材料、门窗、幕墙与玻璃、暖通与空调、新型能源等标准规范。如果能够完全执行这些规范,我国在节能上会有很大的进步。但事实并非如此,各地建设项目在设计阶段与施工阶段执行节能设计标准的比例反差很大,前者明显高于后者。这表明建筑节能标准规范在执行的过程中还存在一定的阻力,如果没有监督机构对建筑商的行为进行监督,两者反差还会拉大,建筑的节能质量也得不到保证。[①]

建筑节能是中国能源战略的重点,笔者提出了建筑节能的政策建议:①建立健全建筑节能的法规体系;②完善建筑节能标准体系与执行监督;③争取国家财政税收政策的支持;④抓紧推进城镇供热体制改革;⑤开展既有建筑节能改造;⑥组织农村节能省地型住宅示范试点;⑦推动建筑节能技术进步;⑧不断建造节能示范建筑;⑨组织建筑能耗调查,建立能耗数据库⑩建立节能产品认证和节能建筑认证制度。

我国建设部陆续发布了《民用建筑节能设计标准》《夏热冬冷地区居住建筑节能设计标准》《夏热冬暖地区居住建筑节能设计标准》和《公共建筑节能设计标准》等国家标准,覆盖了我国不同气候的民用建筑。地方管理部门依据国家标准,针对本地区的气候条件和经济社会发展水平,制定了地方建筑节能标准。我国已经基本建立了由国家标准、地方标准以及规范性标准化文件为补充的技术标准框架体系。并发布了《既有居住建筑节能改造技术规程》,为既有建筑节能改造提供了依据。

为了解决公共建筑高密度耗能突出问题,国家建设部与国家质量技术监督检验检疫总局联合于2005年7月1日发布并实施了《公共建筑节能设计标准》。这是我国批准发布的第一部有关公共建筑节能设计的综合性国家标准。该标准适用于新建、扩建和改建的公共建筑的节能设计。该标准的节能途径和目标是,通过改善建筑维护结构保温、隔热性能,提高供暖、通风和空调设备、系统的能效比,采取增进照明设备效率等措施。

第四节 国内外建筑节能概况

一、国内外建筑节能耗现状

建筑能耗有广义和狭义之分。广义建筑能耗是指从建筑材料制造、建筑施工直至建筑使用全过程的能耗;而狭义建筑能耗或建筑使用能耗是指维持建筑功能所消耗的能量,包括热水供应、烹调、供暖、空调、照明、家用电器、电梯以及办公设备等的能耗。我国建筑能耗的涵盖范围现在已与发达

---

①李伟,黄菲.BIM建模与应用技术指南[M].北京:中国城市出版社,2016:37-39.

国家取得一致,按照国际上通行的方法,建筑能耗就是使用能耗。

(一)国外建筑能耗现状

随着人们生活水平的提高,欧美发达国家住宅能耗所占全国能耗的比例都相当高,在居住能耗中由于各国国情不同,也有很大差别。对于寒冷期较长的一些国家和地区,如北欧国家、加拿大,其采暖及供应热水能耗均占住宅能耗的大部分,与我国相比,在相近的气候条件下,发达国家一年内采暖时间较长,同时常年供应家用热水,炎热地区建筑内则安装空调设备。发达国家城市及乡村建筑普遍安装采暖设备,所用能源主要是煤气、燃油或者电力,其采暖室温一般为20℃~22℃,多设有恒温控制器自动调节室温。

发达国家的既有建筑比每年新建建筑要多得多,其大力推进既有建筑的节能改造工作,使得建筑节能取得了突出成就。北欧和中欧国家在1980年前已达到按节能要求改造旧房的高潮,到20世纪80年代中期已基本完成。西欧、北美的已有房屋也早已逐步组织节能改造。因此,有些国家尽管建筑面积逐年增加,但整个国家建筑能耗却大幅度下降。如丹麦1992年比1972年的采暖建筑面积增加了39%,但同时采暖总能耗减少了31.1%,采暖能耗占全国总能耗的比例也由39%下降为27%,平均每平方米建筑面积采暖能耗减少了50%。

(二)我国建筑能耗现状

我国既是一个发展中大国,又是一个建筑大国,每年新建房屋面积高达17亿~18亿平方米,超过所有发达国家每年建成建筑面积的总和。随着全面建设小康社会的逐步推进,建设事业迅猛发展,建筑能耗迅速增长。我国既有的近400亿平方米建筑,却仅有1%为节能建筑,其余无论从建筑围护结构还是采暖空调系统来衡量,均属于高耗能建筑,单位面积采暖所耗能源相当于纬度相近的发达国家的2~3倍。这是由于我国的建筑围护结构保温隔热性能差,采暖用能的2/3都被浪费。而每年的新建建筑中真正称得上"节能建筑"的还不足1亿平方米,建筑耗能总量在我国能源消费总量中的份额已超过27%,逐渐接近三成。[①]

1.我国建筑能耗的分类

我国建筑能耗按占建筑总能耗的比例不同,可分为:①北方地区建筑采

---

① 史晓燕. 建筑节能技术[M]. 北京:北京理工大学出版社,2020:62-64.

暖能耗约占我国建筑总能耗的 24.6%；②长江流域住宅采暖能耗约占我国建筑总能耗的 1.4%；③除供暖外的住宅用电（照明、热水供应、空调等），约占我国建筑总能耗的 15.1%；④除供暖外的一般性非住宅类民用建筑（中小商店、学校等）能耗，主要是办公室电器、照明、空调等，约占我国建筑总能耗的 18.3%；⑤大型公共建筑（高档写字楼、星级酒店、购物中心）能耗约占我国建筑总能耗的 3.5%；⑥农村建筑能耗约占我国建筑总能耗的 37.1%。

2.我国建筑能耗的特点

第一，北方建筑采暖能耗高、比例大，应为建筑节能的重点。第二，长江流域大面积居住建筑新增采暖需求。第三，大型公共建筑能耗浪费严重，节能潜力大，新建建筑中此类建筑的比例呈增长趋势。第四，住宅及一般公共建筑与发达国家相比，能耗有明显的增长趋势。第五，农村建筑能耗低，非商品能源仍占较大部分，目前有逐渐被商品能源替代的趋势。

3.导致建筑能耗增加的因素

第一，房屋建筑需求继续增加。第二，居民家用电器品种、数量增加。第三，城镇化进程不断加快。第四，农村能源改变。第五，采暖区向南扩展。第六，人们对建筑热舒适性的要求越来越高。

二、建筑节能的含义、作用与意义

（一）建筑节能的含义

在建筑材料生产、房屋建筑施工及使用过程中，要合理地使用与有效地利用能源，以便在满足同等需要或达到相同目的的条件下，尽可能降低能耗，以达到提高建筑舒适性和节省能源的目标。"节能"被称为煤炭、石油、天然气、核能之外的第五大能源，建筑节能已上升到前所未有的高度。[①]自1973年世界发生能源危机以来，建筑节能的发展可划分为三个阶段：第一阶段，称为"在建筑中节约能源"（energy saving in buildings），即现在所说的建筑节能；第二阶段，称为"在建筑中保持能源"（energy conservation in buildings），意即尽量减少能源在建筑物中的损失；第三阶段，普遍称为"在建筑中提高能源利用率"（energy eficiency improving in buildings）。我国现阶段所称的建筑节能，其含义已上升到上述的第三阶段，即在建筑中合理地使用能源及有效地利用能源，不断提高能源的利用效率。

①陈宏,张杰,管毓刚,等.建筑节能[M].北京:知识产权出版社,2019:19-21.

(二)建筑节能的作用与意义

1.建筑节能是贯彻可持续发展战略、实现国家节能规划目标的重要措施

我国是一个发展中国家,人口众多,人均能源资源相对匮乏。人均耕地只有世界人均耕地的1/3,水资源只有世界人均占有量的1/4,已探明的煤炭储量只占世界储量的11%,原油只占世界储量的2.4%。我国每年新建建筑使用的烧结实心砖,就可毁掉良田12万亩。我国的物耗水平较发达国家,钢材高出10%~25%,每立方米混凝土多用水泥80kg,污水回用率仅为25%。目前,我国建筑用能浪费极其严重,而且建筑能耗增长的速度远远超过我国能源生产增长的速度,如果任由这种高耗能建筑持续发展下去,国家的能源生产势必难以长期支撑此种浪费型需求,从而被迫组织大规模的旧房节能改造,这将要耗费更多的人力、物力。

能源将是制约经济可持续发展的重要因素,近年来我国GDP的增长均高于10%,但能源的增长却只能达到3%~4%的增长幅度。21世纪开始的前20年是我国经济社会发展的重要战略机遇期,在此期间,我国的经济将经历三个重要变化,即进入重工业化时期、城镇化进程加快、成为世界制造基地之一。由于经济增长和城镇化进程的加快对能源供应形成很大压力,能源发展滞后于经济发展。所以,必须依靠节能技术的大范围使用来保障国民经济持续、快速、健康地发展,推行建筑节能势在必行、迫在眉睫。

2.建筑节能可成为新的经济增长点

建筑节能虽然需要投入一定量的资金,但带来的效果是投入少,产出多。实践证明,只要因地制宜地选择合适的节能技术,使居住建筑每平方米造价提高为建筑成本的5%~7%幅度,即可达到50%的节能目标。建筑节能的投资回报期一般为5年左右,与建筑物的使用寿命周期50~100年相比,其经济效益是非常明显的。节能建筑在一次投资后,可在短期内回收,且可在其寿命周期内长期受益。新建建筑节能和既有建筑的节能改造,将形成具有投资效益和环境效益双赢的新的经济增长点。

3.建筑节能可减少温室效应,改善大气环境

我国的煤炭和水力资源较为丰富,石油则需依赖进口。煤在燃烧过程中产生大量的二氧化碳、二氧化硫、氮化物等污染物,二氧化碳造成地球大气外层的"温室效应",二氧化硫、氮化物等污染物是造成呼吸道疾病的根源

之一,严重危害人类的生存环境。在我国以煤为主的能源结构下,建筑节能可减少能源消耗,减少向大气排放的污染物,减少温室效应,改善大气环境,因此从这一角度讲,建筑节能即保护环境,浪费能源即污染环境。

4.建筑节能可缓解能源紧张的局面,改善室内热环境

随着人民生活水平的不断提高,适宜的室内热环境已成为人们生活的普遍需要,是现代生活的基本标志。适宜的室内热环境也是确保人体健康,提高人们劳动生产率的重要措施之一。在发达国家,人们通过越来越有效的利用资源来满足人们的各种需要。在我国,人们对建筑热环境的舒适性要求也越来越高。由于地理位置的特点,我国大部分地区冬冷夏热,与世界同纬度地区相比,一月份平均气温我国东北低14℃~18℃,黄河中下游低10℃~14℃,长江以南低8℃~10℃东南沿海低5℃左右;而在夏季七月平均气温,绝大部分地区却要高出世界同纬度地区1.3℃~2.5℃,我国夏热问题比较突出。人们非常需要宜人的室内热环境,冬天采暖、夏天空调,而这些都需要能源的支持。但是我国能源供应又十分紧张,因此,利用节能技术改善室内环境质量成为必然之路。

三、我国建筑节能概述

(一)我国建筑节能发展概况

我国建筑节能工作起步较晚,是从20世纪80年代初期颁布《北方采暖地区居住建筑节能设计标准》(JGJ26—1986)开始的,在战略上采取了"先易后难、先城市后农村、先新建后改造、先住宅后公建、从北向南稳步推进"的原则,经过近30年的努力,我国的建设节能工作取得了初步成效,主要表现在以下四个方面。

1.已初步建立起以节能50%为目标的建筑节能设计标准体系

该标准系列主要有:1986年8月1日原建设部颁布的《民用建筑设计标准(采暖居住建筑部分)》(JGJ26—1986),这是我国颁布的第一个建筑设计节能标准;2010年8月1日起施行的经住房和城乡建设部组织修订后的新版本《严寒和寒冷地区居住建筑节能设计标准》(JGJ26—2010);2013年3月1日起施行的《既有居住建筑节能改造技术规程》(JGJ/T129—2012);2010年8月1日起施行的《夏热冬冷地区居住建筑节能设计标准》(JGJ134—2010);2013年4月1日起施行的《夏热冬暖地区居住建筑节能设计标准》(JGJ75—

2012）;2015年10月1日起施行的《公共建筑节能设计标准》（GB50189—2015）。

2.初步制定了一系列有关建筑节能的政策法规

近年来,国务院、有关部委及地方主管部门先后颁布了一系列有关建筑节能的政策法规,如1991年4月的中华人民共和国第82号总理令,对于达到《民用建筑设计标准》要求的北方节能住宅,其固定资产投资方向调节税税率为零的政策;1997年11月颁布的《中华人民共和国节约能源法》第37条规定"建筑物的设计与建造应当按照有关法律、行政法规规定,采用节能型的建筑结构、材料、器具和产品,提高保温隔热性能,减少采暖、制冷、照明能耗";2000年2月18日发布了中华人民共和国建设部令第76号《民用建筑节能管理规定》;另外,还先后发布了建设部建科〔2004〕174号文件《关于加强民用建筑工程项目建筑节能审查工作的通知》、建设部建科〔2005〕55号文件《关于新建居住建筑严格执行节能设计标准的通知》、建设部建科〔2005〕78号文件《关于发展节能省地型住宅和公共建筑的指导意见》等一系列文件,这些文件的贯彻执行有力地推动了建筑节能在我国的发展。

3.取得了一批具有实用价值的科技成果

这批具有实用价值的科技成果主要包括墙体隔热保温技术、屋面保温隔热技术、门窗密闭保温隔热技术、采暖空调系统节能技术,太阳能利用技术、地源热泵和空气源热泵技术、风能利用等可再生能源利用技术。

4.通过试点示范工程,一定程度上带动了建筑节能工作在我国的开展

多年来,住房和城乡建设部及地方建设主管部门先后在全国分区域启动了一批建筑节能试点示范工程,研究及选择适用于本地区的建筑节能技术,为建筑节能在全国范围内的大面积开展奠定了基础。如1985—1988年的中国瑞典建筑节能合作项目、1991—1996年的中英建筑节能合作项目、1996—2001年的中加建筑节能合作项目、1997年的中国欧盟建筑节能示范工程可行性研究、1998年至今的中法建筑贝特建筑节能合作项目、1999年至今的中国美国能源基金会建筑节能标准研究项目、2000年至今的中国世界银行建筑节能与供热改革项目、2001年的中国联合国基金会太阳能建筑应用项目等。这些项目的实施,引入了国外先进的技术和管理经验,对我国建筑节能起到了促进作用,有效地实现了节能减排。据不完全统计,截至2002年,全国城镇共建成节能建筑面积约为3.3亿平方米,实现节能1094万吨标

准煤,减少二氧化碳排放量达 2326 万吨。

(二)建筑节能工作现存的问题

1.部分地方政府对建筑节能工作的认识不到位

部分省(区、市)建筑节能工作的考核仍没有纳入政府层面,对建筑节能的考核评价仍局限在住房和城乡建设系统内部,没有纳入本地区单位国内生产总值能耗下降目标考核体系,使相关部门难以形成合力,相应的政策、资金难以落实。由于对建筑节能能力建设重视不够,部分省级住房城乡建设主管部门建筑节能管理人员只有 1~2 人,没有专门的管理和执行机构,使得各项政策制度的落实大打折扣。

2.建筑节能法规与经济支持政策仍不完善

落实《中华人民共和国节约能源法》《民用建筑节能条例》各项法律制度所需的部门规章、地方行政法规的制定工作仍然滞后。各地对建筑节能的经济支持力度远远不够,尤其是中央财政投入较大的北方采暖地区虽然有居住建筑供热计量及节能改造、可再生能源建筑应用、公共建筑节能监管体系建设等方面,但是大部分地区没有落实配套资金,导致影响中央财政支持政策的实施效果。

3.新建建筑执行节能标准水平仍不平衡

"十一五"期间,我国执行的建筑节能标准主要为 50%节能标准,"十一五"期末逐步提高到节能"三步节能"标准的水平,节能标准的水平较低。从执行建筑节能标准的情况来看,施工阶段比设计阶段差,中小城市比大城市差,经济欠发达地区比经济发达地区差。在建筑节能工程施工过程中,建筑节能工程质量有待提高,存在以次充好、偷工减料的现象,监督管理不到位,存在质量与火险隐患。各地尤其是地级以下城市普遍缺乏可选用的建筑节能材料和产品,由于相关节能性能检测能力较弱,导致绿色建筑发展严重滞后,因而政府监管能力需要进一步增强。注:"三步节能",就是建筑供暖能耗节能强制性标准的第三阶段,即要求新设计的采暖居住建筑能耗水平在 1980—1981 年当地通用设计能耗水平的基础上节约 65%。第一阶段是 1988年强制执行的,在 1980—1981 年当地通用设计能耗水平的基础上节约 30%,2002 年 3 月 1 日开始在本市强制执行的二步节能标准,已经将住宅能耗标准提高到每平方米 20.5W,而三步节能标准则达到每平方米 14.4W。

4.北方地区既有建筑节能改造工作任重道远

一是既有建筑存量巨大。2000年以前我国建成的建筑大多为非节能建筑,民用建筑外墙平均保温水平仅为欧洲同纬度发达国家的1/3,据估算,北方地区有超过20亿平方米的既有建筑需进行节能改造。二是改造资金筹措压力大。围护结构、供热计量、管网热平衡节能改造成本在220元/m²以上,如果再进行热源改造,资金投入需求更大。但北方多数地区经济欠发达,地方政府财力投入有限,市场融资能力较弱。三是供热计量改革滞后。供热计量收费是运用市场机制促进行为节能的最有效手段,但这项工作进展缓慢,目前北方采暖地区130多个地级市,出台供热计量收费办法的地级市仅有40多个,制约了企业居民投资节能改造的积极性。

5.可再生能源建筑应用推广任务依然繁重

我国在建筑领域推广应用可再生能源总体上仍处于起步阶段,据测算,目前可再生能源建筑应用量占建筑用能比重在2%左右,这与我国丰富的资源禀赋、快速增长的建筑用能需求、调整用能结构的迫切要求相比都有很大的差距。可再生能源建筑应用长效推广机制尚未建立,技术标准体系还不完善,产业支撑力度不够,有些核心技术仍未掌握,系统集成、工程咨询、运行管理等能力不强。

6.大部分省市农村建筑节能工作尚未正式启动

我国农村地区的建筑节能工作有待推进。随着农村生活水平的不断改善,使用商品能源的总量将不断增加,需采取措施提高农村建筑用能水平和室内热舒适性,改善室内环境,引导农村用能结构科学合理发展。

(三)建筑节能发展所面临的形势

1.城镇化快速发展为建筑节能工作提出了更高要求

我国正处在城镇化的快速发展时期,国民经济和社会发展第十二个五年规划指出:2010年我国城镇化率为47.5%,"十二五"期间仍将保持每年0.8%的增长趋势,到"十二五"末期将达到51.5%。一是城镇化快速发展使新建建筑规模仍将持续大幅增加。按"十一五"期间城镇每年新建建筑面积推算,"十二五"期间,全国城镇累计新建建筑面积将达到40亿～50亿平方米,要确保这些建筑是符合建筑节能标准的建筑,同时引导农村建筑按节能建筑标准设计和建造。二是城镇化快速发展直接带来对能源、资源的更多需求,迫切要求提高建筑能源利用效率,在保证合理舒适度的前提下,降低建筑能耗,这将直接表现为对既有居住建筑节能改造、可再生能源建筑应用、绿色建筑和绿色生态城(区)建设的需求急剧增长。

2.人民对生活质量需求不断提高使得对建筑服务品质提出更高要求

城镇节能建筑仅占既有建筑面积的23%,建筑节能强制性标准水平低,即使目前正在推行的"三步节能"标准也只相当于德国20世纪90年代初的水平,能耗指标则是德国的2倍。北方老旧建筑热舒适度普遍偏低,北方采暖城镇集中供热普及率仍不到50%。夏热冬冷地区建筑的夏季能耗高、冬季室内热舒适性差,仍存在缺乏合理有效的采暖措施,缺乏建筑新风、热水等供应系统的问题。夏热冬暖地区除缺乏新风和热水供应系统外,遮阳、通风等被动式节能措施未被有效应用,室内舒适性不高的同时增加了建筑能耗。大城市普遍存在停车、垃圾分类回收、绿化等基础设施不足;北方农村冬季室内温度偏低,较同一气候区城镇住宅室内温度低7℃~9℃,农民生活热水用量远远低于城镇。农村建筑使用初级生物质能源的利用效率很低,能源消耗结构不合理。

3.社会主义新农村建设为建筑节能和绿色建筑发展提供了更大的发展空间

农村地区具有建筑节能和绿色建筑发展的广阔空间。每年农村住宅面积新增超过8亿平方米,人均住房面积较1980年增长了4倍多,农村居民消费水平年均增长6.4%。将建筑节能和绿色建筑推广到农村地区,发挥"四节一环保"[①]的综合效益,能够节约耕地、降低区域生态压力、保护农村生态环境、提高农民生活质量,同时,能吸引大量建筑材料制造企业、房地产开发企业等参与,带动相关产业发展,吸纳农村剩余劳动力,是实现社会主义新农村建设目标的重要手段。

(四)我国建筑节能的目标和任务

1.节能目标

(1)总体目标

到"十二五"期末,建筑节能已形成1.16亿吨标准煤节能能力。其中,发展绿色建筑,加强新建建筑节能工作,形成4500万吨标准煤节能能力;深化供热体制改革,全面推行供热计量收费,推进北方采暖地区既有建筑供热计量及节能改造,形成2700万吨标准煤节能能力;加强公共建筑节能监管体系

①黄兵."四节一环保"下的绿色建筑工程监理[J].安防科技.2021,(22):144.

建设,推动节能改造与运行管理,形成1400万吨标准煤节能能力。推动可再生能源与建筑一体化应用,形成常规能源替代3000万吨标准煤节能能力。

(2)具体目标

第一,提高新建建筑能效水平。到2015年,北方严寒及寒冷地区、夏热冬冷地区全面执行新颁布的节能设计标准,执行比例达到95%以上,城镇新建建筑能源利用效率与"十一五"期末相比,提高30%以上。北京、天津等大城市执行更高水平的节能标准,新建建筑节能水平达到或接近同等气候条件下发达国家水平。建设完成一批低能耗、超低能耗示范建筑。

第二,进一步扩大既有居住建筑节能改造规模。实施北方既有居住建筑供热计量及节能改造4亿平方米以上,地级及以上城市达到节能50%强制性标准的既有建筑基本完成供热计量改造并同步实施按用热量分户计量收费,启动夏热冬冷地区既有居住建筑节能改造试点5000万平方米。

第三,建立健全大型公共建筑节能监管体系。通过能耗统计、能源审计及能耗动态监测等手段,实现公共建筑能耗的可计量、可监测。确定各类型公共建筑的能耗基线,识别重点用能建筑和高能耗建筑,促使高耗能公共建筑按节能方式运行,实施高耗能公共建筑节能改造达到6000万平方米。争取在"十二五"期间,实现公共建筑单位面积能耗下降10%,其中大型公共建筑能耗降低15%。

第四,开展可再生能源建筑应用集中连片推广,进一步丰富可再生能源建筑应用形式,实施可再生能源建筑应用省级示范、城市可再生能源建筑规模化应用、以县为单位的农村可再生能源建筑应用示范,拓展应用领域,"十二五"末期,新增可再生能源建筑应用面积25亿平方米,形成常规能源替代能力3000万吨标准煤。

第五,实施绿色建筑规模化推进。新建绿色建筑8亿平方米。规划期末,城镇新建建筑20%以上达到绿色建筑标准要求。

第六,大力推进新型墙体材料革新,开发推广新型节能墙体和屋面体系。依托大中型骨干企业建设新型墙体材料研发中心和产业化基地。新型墙体材料产量占墙体材料总量的比例达到65%以上,建筑应用比例达到75%以上。

第七,形成以《中华人民共和国节约能源法》和《民用建筑节能条例》为主体,部门规章、地方性法规、地方政府规章及规范性文件为配套的建筑节能法规体系。规划期末实现地方性法规省级全覆盖,建立健全支持建筑节能工作发展的长效机制,形成财政、税收、科技、产业等体系共同支持建筑节能发展的良好局面。建立省、市、县三级职责明确、监管有效的体制和机制。健全建筑节能技术标准体系。建立并实行建筑节能统计、监测、考核制度。

2.节能任务

(1)提高能效,抓好新建建筑节能监管

第一,继续强化新建建筑节能监管和指导。一是提高建筑能效标准。严寒、寒冷地区,夏热冬冷地区要将建筑能效水平提高到"三步"建筑节能标准,有条件的地方要执行更高水平的建筑节能标准和绿色建筑标准,力争到2015年,北京、天津等北方地区一线城市全部执行更高水平节能标准。二是严格执行工程建设节能强制性标准,着力提高施工阶段建筑节能标准的执行率,加大对地级、县级地区执行建筑节能标准的监管和稽查力度,对不符合节能减排有关法律法规和强制性标准的工程建设项目,不予发放建设工程规划许可证,不得通过施工图审查,不得发放施工许可证。三是建立行政审批责任制和问责制,按照"谁审批、谁监督、谁负责"的原则,对不按规定予以审批的,依法追究有关人员的责任。要加强施工阶段监管和稽查,确保工程质量和安全。四是大力推广绿色设计、绿色施工,广泛采用自然通风、遮阳等被动技术,抑制高耗能建筑建设,引导新建建筑由节能为主向绿色建筑"四节一环保"的发展方向转变。

第二,完善新建建筑全寿命期管理机制。制定并完善立项、规划、土地出(转)让、设计、施工、运行和报废阶段的节能监管机制。一是严格执行民用建筑规划审查,城乡规划部门要就设计方案是否符合民用建筑节能强制性要求征求同级建设主管部门意见;二是严格执行新建建筑立项阶段建筑节能的评估审查;三是在土地招拍挂出让规划条件中,要对建筑节能执行标准和绿色建筑的比例作出明确要求;四是严格执行建设单位、设计单位、施工单位不得在建筑活动中使用列人禁止使用目录的技术、工艺、材料与设备的要求;五是严格执行民用建筑能效测评标识和民用建筑节能信息公示制度。新建大型公共建筑建成后,必须经过能效专项测评,凡达不到工程建设强制性标准的,不得办理竣工、验收、备案手续;六是建立健全民用建筑节能管理制度和操作规程,对建筑用能情况进行调查统计和评估分析、设置建筑能源管理岗位,提高从业人员水平,降低运行能耗;七是研究建立建筑报废审批制度,不符合条件的,不予拆除报废,需拆除报废的建筑所有权人、产权单位应提交拆除后的建筑垃圾回用方案,促进建筑垃圾再生回用。

第三,实行能耗指标控制。强化建筑特别是大型公共建筑建设过程的能耗指标控制,应根据建筑形式、规模及使用功能,在规划、设计阶段引入分项能耗指标,约束建筑体型系数,以及采暖空调、通风、照明、生活热水等用能系统的设计参数及系统配置,避免片面追求建筑外形,防止用能系统设计指标过大,造成浪费。实施能耗限额管理。各省(区、市)应在能耗统计、能源审计、能耗动态监测工作基础上,研究制定各类型公共建筑的能耗限额标准,并对公共建筑实行用能限额管理,对超限额用能建筑,采取增加用能成本或强制改造措施。

(2)扎实推进既有居住建筑节能改造

第一,深入开展北方采暖地区既有居住建筑供热计量及节能改造。一是以围护结构、供热计量和管网热平衡为重点,实施北方采暖地区既有居住建筑供热计量及节能改造。依据各地上报的改造工作量与各地签订既有居住建筑供热计量及节能改造任务协议。二是启动"节能暖房"重点市县,到2013年,地级及以上城市要完成当地具备改造价值的老旧住宅的供热计量及节能改造面积40%以上,县级市要完成70%以上,达到节能50%强制性标准的既有建筑基本完成供热计量改造。鼓励用3~5年时间节能改造重点市县全部完成节能改造任务。三是北方采暖地区既有居住建筑供热计量及节能改造要注重与热源改造、市容环境整治等相结合,与供热体制改革相结合,发挥综合效益。

第二,试点夏热冬冷地区节能改造。以建筑门窗、遮阳、自然通风等为重点,在夏热冬冷地区进行居住建筑节能改造试点,探索该地区适宜的改造模式和技术路线。在综合考虑各省市经济发展水平、建筑能耗水平、技术支撑能力等因素的基础上,对改造任务进行分解落实。

第三,形成规范的既有建筑改造机制。一是住房城乡建设主管部门1应对本地区既有建筑进行现状调查、能耗统计,确定改造重点内容和项目,制订改造规划和实施计划。改造规划要报请同级人民政府批准。二是在旧城区综合改造、城市市容整治、既有建筑抗震加固中,有条件的要同步开展节能改造。既有建筑节能改造工程完工后,应进行能效测评与标识,达不到设计要求的,不得进行竣工验收。三是住房城乡建设主管部门要积极与同级有关部门协调配合,研究适合本地实际的经济、技术政策和标准体系,做好组织协调工作,注重探索和总结成功模式,确保改造目标的实现。

第四,确保既有建筑节能改造的安全与质量。完善既有建筑节能改造的安全与质量监督机制,落实工程建设责任制。严把材料关,坚决杜绝伪劣产品入场;严把规划、设计和施工关,加强施工全过程的质量控制与管理;严把安全关,积极采取措施,做好防火安全等。

(3)深入开展大型公共建筑节能监管和高耗能建筑节能改造

第一,推进能耗统计、审计及公示工作。各省(区、市)应对本地区地级及以上城市大型公共建筑进行全口径统计,将单位面积能耗高于平均水平和年总能耗高于1000t标准煤的建筑确定为重点用能建筑,并对50%以上的重点用能建筑进行能源审计。应对单位面积能耗排名在前50%的高能耗建筑和具有标杆作用的低能耗建筑进行能效公示,接受社会监督。

第二,加强节能监管体系建设。一是中央财政支持有条件的地方建设公共建筑能耗监测平台,对重点建筑实行分项计量与动态监测,强化公共建筑节能运行管理,规划期末完成20个以上省(自治区、直辖市)公共建筑能耗监测平台建设,对5000栋以上公共建筑的能耗情况进行动态监测,建成覆盖不同气候区、不同类型公共建筑的能耗监测系统,实现公共建筑能耗可监测、可计量。二是要重点加强高校节能监管,规划期内建设200所节约型高校,形成节约型校园建设模式,提高节能监管体系管理水平。

第三,实施重点城市公共建筑节能改造。财政部、住房和城乡建设部选择在公共建筑节能监管体系建立健全、节能改造任务明确的地区启动建筑节能改造重点城市。规划期内启动和实施10个以上公共建筑节能改造重点城市。到2015年,重点城市公共建筑单位面积能耗下降20%以上,其中大型公共建筑单位建筑面积能耗下降30%以上。原则上改造重点城市在批准后两年内应完成改造建筑面积不少于400万平方米。各地要高度重视公共建筑的节能改造工作,突出改造效果及政策整体效益。

第四,推动高校、公共机构等重点公共建筑节能改造。要充分发挥高校技术、人才、管理优势,会同财政部、教育部积极推动高等学校节能改造示范,高校建筑节能改造示范面积应不低于20万平方米,单位面积能耗应下降

20%以上。在规划期内,启动50所高校节能改造示范。积极推进中央本级办公建筑节能改造。财政部、住房和城乡建设部将会同国务院机关事务管理局等部门共同组织中央本级办公建筑节能改造工作。

(4)加快可再生能源建筑领域规模化应用

第一,建立可再生能源建筑应用的长效机制。可再生能源建筑应用要坚持因地制宜的原则,做好可再生能源建筑应用的全过程监管,加强可再生能源建筑应用的资源评估、规划设计、施工验收、运行管理。一是住房城乡建设主管部门要实施可再生能源建筑应用的资源评估,掌握本地区可再生能源建筑资源情况和建筑应用条件,确保可再生能源建筑应用的科学合理。二是要制定可再生能源建筑应用专项规划,明确应用类型和面积,并报请同级人民政府审批。三是制订推广可再生能源建筑应用的实施计划,切实把规划落到实处。四是加强推广应用可再生能源建筑应用的基础能力建设。完善可再生能源建筑应用施工、运行、维护标准,加大可再生能源建筑应用设计、施工、运行、管理、维修人员的培训力度。五是加强可再生能源建筑应用关键设备、产品的市场监管及工程准入管理。六是探索建立可再生能源建筑应用运行管理、系统维护的模式,确保项目稳定高效运行。鼓励采用合同能源管理等多种融资管理模式支持可再生能源建筑应用。

第二,鼓励地方制定强制性推广政策。鼓励有条件的省(区、市、兵团)通过出台地方法规、政府令等方式,对适合本地区资源条件及建筑利用条件的可再生能源技术进行强制推广,进一步加大推广力度,力争规划期内资源条件较好的地区都要制定出台太阳能等强制推广政策。

第三,集中连片推进可再生能源建筑应用。选择在部分可再生能源资源丰富、地方积极性高、配套政策落实的区域,实行集中连片推广,使可再生能源建筑应用率先实现突破,到2015年重点区域内可再生能源消费量占建筑能耗的比例达到10%以上。一是做好可再生能源建筑应用省级示范。进一步突出重点,放大政策效应,在有条件地区率先实现可再生能源建筑集中连片应用效果,即在可再生能源资源丰富、建筑应用条件优越、地方能力建设体系完善、已批准可再生能源建筑应用相关示范实施较好的省(区、市),打造可再生能源建筑应用省级集中连片示范区。二是继续做好可再生能源建筑应用城市示范及农村县级示范。示范市县在落实具体项目时,要做到统筹规划,集中连片。已批准的可再生能源建筑应用示范市县要抓紧组织实施,在确保完成示范任务的前提下进一步扩大推广应用,新增示范市县将优先在集中连片推广的重点区域中安排。三是鼓励在绿色生态城、低碳生态城(镇)、绿色重点小城镇建设中,将可再生能源建筑应用作为约束性指标,实施集中连片推广。

第四,优先支持保障性住房、公益性行业及公共机构等领域可再生能源建筑应用。优先在保障性住房中推行可再生能源建筑应用,在资源条件、建筑条件具备情况下,保障性住房要优先使用太阳能热水系统。加大在公益性行业及城乡基础设施推广应用力度,使太阳能等清洁能源更多地惠及民生。积极在国家机关等公共机构推广应用可再生能源,充分发挥示范带动作用。住房和城乡建设部、财政部将在确定可再生能源建筑应用推广领域中优先支持上述领域。

第五,加大技术研发及产业化支持力度。鼓励科研单位、企业联合成立可再生能源建筑应用工程、技术中心,加大科技攻关力度,加快产学研一体化。支持可再生能源建筑应用重大共性关键技术及产品、设备的研发及产业化,支持可再生能源建筑应用产品、设备性能检测机构和建筑应用效果检测评估机构等公共服务平台的建设。完善支持政策,努力提高可再生能源建筑应用技术水平,做强、做大相关产业。

(5)大力推动绿色建筑发展,实现绿色建筑普及化

第一,积极推进绿色规划。以绿色理念指导城乡规划编制,建立包括绿色建筑比例、生态环保、公共交通、可再生能源利用、土地集约利用、再生水利用、废弃物回用等内容的指标体系,作为约束性条件纳入区域总体规划、控制性详细规划、修建性详细规划和专项规划的编制,促进城市基础设施的绿色化,并将绿色指标作为土地出让、转让的前置条件。

第二,大力促进城镇绿色建筑发展。在城市规划的新区、经济技术开发区、高新技术产业开发区、生态工业示范园区、旧城更新区等实施100个以规模化推进绿色建筑为主的绿色生态城(区)。政府投资的办公建筑和学校、医院、文化等公益性公共建筑,直辖市、计划单列市及省会城市建设的保障性住房,以及单体建筑面积超过2万平方米的机场、车站、宾馆、饭店、商场、写字楼等大型公共建筑,2014年起执行绿色建筑标准。引导房地产开发类项目自愿执行绿色建筑标准,鼓励房地产开发企业建设绿色住宅小区。到规划期末,北京市、上海市、天津市、重庆市、江苏省、浙江省、福建省、山东

省、广东省、海南省,以及深圳市、厦门市、宁波市、大连市城镇新建房地产项目50%达到绿色建筑标准。积极推进绿色工业建筑建设,加强对绿色建筑规划、设计、施工、认证标识和运行监管,研究制定相应的鼓励政策与措施。建立和强化大型公共建筑项目的绿色评估和审查制度。

第三,严格绿色建筑建设全过程监督管理。地方政府要在城镇新区建设、旧城更新、棚户区改造等规划中,严格落实各项绿色建设指标体系要求;要加强规划审查,对达不到要求的不予审批。对应按绿色建筑标准建设的项目,要加强立项审查,对未达到要求的,不予审批、核准和备案;加强土地出让监管,对不符合土地出让规划许可条件要求的,不予出让;要在施工图设计审查中增加绿色建筑内容,未通过审查的,不得开工建设;加强施工监管,确保按图施工;未达到绿色建筑认证标识的,不得投入运行使用。自愿执行绿色建筑标准的项目,要建立备案管理制度,加强监管。建设单位应在房屋施工、销售现场明示建筑的各项性能。

第四,积极推进不同行业绿色建筑发展。实现绿色建筑规模化发展要充分发挥和调动相关部门的积极性,将绿色建筑理念推广应用到相关领域、相关行业中。要会同教育主管部门积极推进绿色校园,会同卫生主管部门共同推进绿色医院,会同旅游主管部门共同推进绿色酒店,会同工业和信息化部门共同推进绿色厂房,会同商务部门]共同推进绿色超市和商场。要建立和完善覆盖不同行业、不同类型的绿色建筑标准。会同相关部门出台不同行业、不同类型绿色建筑的推进意见,明确发展目标、重点任务和措施,加强考核评价。会同财政部门出台支持不同行业、不同类型绿色建筑发展的经济激励政策。地方建筑主管部门要积极与地方相关部门协调,出台适合本地的标准和经济激励政策,科学合理地制定推进方案,完善评价细则,以绿色建筑引导不同行业、不同类型绿色建筑的发展。

(6)积极探索,推进农村建筑节能

鼓励农民分散建设的居住建筑达到节能设计标准的要求,引导农房按绿色建筑的原则进行设计和建造,在农村地区推广应用太阳能、沼气、生物质能和农房节能技术,调整农村用能结构,改善农民生活质量。支持各省(自治区、直辖市)结合社会主义新农村建设,建设一批节能农房。支持40万农户结合农村危房改造,开展建筑节能示范。

（7）积极促进新型材料推广应用

因地制宜、就地取材,结合当地气候特点和资源禀赋,大力发展安全耐久、节能环保、施工便利的新型建材。加快发展集保温、防火、降噪装饰等功能于一体的与建筑同寿命的建筑保温体系和材料。积极发展加气混凝土制品、烧结空心制品、防火防水保温等功能一体化墙体和屋面、低辐射镀膜玻璃、断桥隔热门窗、太阳能光伏发电或光热采暖制冷一体化屋面和墙体、遮阳系统等新型建材及部品。推广应用再生建材。引导发展高强度混凝土、高强钢,大力发展商品混凝土。深入推进墙体材料革新,推动"禁实"（即禁止使用实心黏土砖）向纵深发展。在全国范围选择确定新型节能建材产品技术目录,并依据产品质量、施工质量、节能效果等因素对目录进行动态调整。研究建立绿色建材认证制度,引导市场消费行为。会同质量监督部门加强建材生产、流通和使用环节的质量监管和稽查。加大对新型建材产业和建材综合利废的支持力度,择优扶持相关企业,组织开展新型建材产业化示范和资源综合利用示范工程的建设。

（8）推动建筑工业化和住宅产业化

加快建立预制构件设计和生产、新型结构体系、装配化施工等方面的标准体系,推动结构件、部品、部件的标准化,丰富标准件的种类,提高通用性、可置换性。推广适合工业化生产的预制装配式混凝土、钢结构等建筑体系。加快发展建设工程的预制、装配技术,提高建筑工业化技术集成水平。支持整合设计、生产、施工全过程的工业化基地建设,选择条件具备的城市进行试点,加快市场推广应用。

（9）推广绿色照明应用

积极实施绿色照明工程示范,鼓励因地制宜地采用太阳能、风能等可再生能源为城市公共区域提供照明用电,扩大太阳能光电、风光互补照明应用。

第五节 老旧小区节能改造的重要性与必要性

建筑节能是贯彻可持续发展战略和科教兴国战略的一个重要方面,是执行节约能源、保护环境基本国策和中华人民共和国《节约能源法》的必要组成部分,是我国经济体制改革和技术创新的迫切需要,是当前世界性的大潮流和大趋势。积极推进建筑节能,有利于改善人民的生活和工作环境,保证国民经济持续稳定发展,减轻大气污染,减少温室气体排放,缓解地球变暖的趋势,也是当代建筑科学技术一个新的增长点。因而建筑节能是功在当代、荫及子孙的大事,是发展我国建筑业和节能事业的重要工作,也是我国社会主义建设事业的一项长期艰苦的任务。

一、建筑节能是关系人类命运的全球性课题

20世纪,世界建筑科学技术突飞猛进,房屋建筑快速发展,各发达国家建筑围护结构的保温隔热和气密性能不断提高,采暖、空调和照明的设备与技术日益进步,使人们能在更为舒适的室内环境中生活与工作。但是在取得这种文明与进步同时,也产生了一系列的负面影响:①住宅与公共建筑的采暖、空调、照明和家用电器等设施消耗了全球约1/3的能源,主要是石化能源。而这些石化燃料是地球经历了亿万年才形成的,它将在我们手中消耗殆尽。②建筑物在使用能源的过程中排放出大量的SO_2、NOx、悬浮颗粒物和其他污染物,影响人体健康和动植物生存。③世界各国建筑使用能源中所排放的CO_2大约占全球CO_2排放总量的1/3,其中住宅约占2/3,公共建筑占1/3,由于CO_2排放量的增加,地球大气中CO_2的浓度急剧增长。19世纪地球大气中CO_2浓度为260ppm,而现在已增至360ppm。而且还处在快速上升趋势。④由于CO_2浓度增加,温室气体效应使地球变暖,气温愈益升高,造成冰川消失、海面升高、珊瑚死亡、洪水泛滥、干旱频发、土地沙化、风沙肆虐、疾病流行、物种灭绝等灾难性后果。近几年全球气候异常,灾害的频繁发生,更加证实了地球变暖的灾害不容忽视。为此,人们已经开始反思,以牺牲资源和环境为代价取得的繁荣和舒适,只可能是短暂的和表面的,在巨大的危险面前,人类必须尽快拯救这个星球。

二、建筑节能的世界性努力

面对着上述全球性问题,21世纪全世界的建筑节能事业,肩负着重大的历史使命——必须全面推进建筑节能。为此,要做好世界各国建筑节能工作,在进一步提高生活舒适性、增进人体健康的基础上,在建筑中尽力节约能源和自然资源,大幅度地降低污染,减少温室气体的排放,减轻环境负荷,

并从多方面做出世界性的努力。①

(一)努力将建筑能耗下降到最低限度

从20世纪70年代能源危机以来,发达国家单位面积的建筑能耗已有大幅度的降低。与我国北京地区采暖度日数相近的一些发达国家中的新建建筑,每年采暖能耗已从能源危机前的 $300 \sim 400kW \cdot h/m^2$,降低到 $50 \sim 80kW \cdot h/m^2$。如英国住宅墙体传热系数K值,1975年为 $1.0W/(m^2 \cdot K)$,至2002年降低至 $0.30W/(m^2 \cdot K)$,屋面也从 $0.6W/(m^2 \cdot K)$ 降低至 $0.16W/(m^2 \cdot K)$。尽管节能的经济效益一般会随着节能率的提高而日益降低,但为了改善人类环境,预计在今后不是很长的时间内,建筑采暖能耗将进一步降低至少 $30 \sim 50kW \cdot h/m^2$。这就必须从多方面着手,其中主要是:①提高建筑围护结构热工性能,如窗户采取多层窗、中空玻璃、低辐射玻璃、填充惰性气体等方法,使窗户传热系数从 $3.5 \sim 2.5W/(m^2 \cdot K)$ 降低至 $2.0 \sim 1.0W/(m^2 \cdot K)$;对外墙加强保温隔热,特别是采用外保温,使外墙传热系数从 $0.6 \sim 1.0W/(m^2 \cdot K)$ 降至于 $0.45 \sim 0.3W/(m^2 \cdot K)$;在围护结构保温隔热良好的情况下,室内用砖石、混凝土等重质材料建成厚重结构,以利于蓄存室内热能,调节室温。②采用高能效供热、制冷、照明和家电等设备系统,减少输热、输冷能源,充分利用清洁能源,扩大热电联供或热电冷联供,扩大应用热泵、贮能、热回收和变频技术。

(二)有效利用天然能源,首先是太阳能

在不同的地区、特别是太阳能源比较丰富的地区,太阳能在建筑中的应用将得到很大扩展,其应用方面包括:①太阳能采暖与制冷。窗户是利用太阳能的关键部位,其中大有文章,如冬季通过窗户直接得热。太阳能制冷技术与蓄存技术也会发展。②用太阳能集热器供应热水,提高集热效率和用热的稳定性。③充分利用天然采光又避免过热,用百叶窗、窗帘及建筑遮阳设施进行调节。④太阳能光电池发电。提高太阳能转换率,并降低光电板价格。

其他自然能源,如地热能也将得到利用。地源热泵可用于建筑采暖与制冷。风力资源丰富的地方也可利用风能。当然,建筑绿化也是常见的利用自然能源的方法。建筑物周边广植树木,有防风、遮阴、蓄水及改善景观

①陈宏,张杰.建筑节能[M].北京:知识产权出版社,2019:89-90.

等效果。

（三）充分利用废弃的资源，避免使用对人体有害的物料

由于建筑用资源消耗巨大，必须保护好地球资源，尽量减少资源消耗量，充分利用废弃的、再生的或可以再生的资源。

1.工业废弃物

如粉煤灰、尾矿、炉渣、煤矸石、灰渣等数量巨大，根据其性能做成建筑材料扩大使用。

2.既有建筑物拆下的材料

如钢材、木材、砖石、玻璃、塑料、纸板等，可重复利用或再生利用。

3.一些对人体有害的材料

包括目前使用的某些有机建筑材料，会散发出一些有害气体，有些矿物材料会放出有害辐射，这些材料长期使用对人体健康不利，将逐步停止使用。与此同时，一些天然材料将更受青睐。

（四）能源和资源得到充分有效利用

建筑物使用功能更加符合人类生活需要。创造健康、舒适、方便的生活环境是人类的共同愿望，也是建筑节能的基础和目标，为此，21世纪的节能建筑应该是：①冬暖夏凉。由于围护结构的保温隔热和采暖空调设备性能日益优越，建筑热环境将更加舒适。②通风良好。自然通风与人工通风相结合，空气经过净化，新风"扫过"每个房间，通过持续不断和足够的换气次数，使室内空气保持清新。③光照充足。尽量采用自然光，天然采光与人工照明相结合。④智能控制。采暖、通风、空调、照明、家电等均可采用计算机集成技术自动控制，既可按预定程序集中管理，又可局部手工控制。既满足不同场合下人们不同的需要，又可节约能源。

当然，建筑节能的发展也会各有其特殊性，会随着气候、地区、国家的经济、文化和技术而异，也会随着建筑类型、规模、质量、材料与设备而不同。但是，提高能源利用效率、保护生态环境、保持经济可持续发展将是一致的。

为了减少温室气体排放，气候变化框架公约政府间组织提出的目标是，相对于1992年基准，2010年减排10%～15%，2020年减排15%～20%，2050年减排20%～50%。这是一个极为艰巨的任务，确实需要世界各国真诚地做出重大的努力。

三、建筑节能是我国社会经济可持续发展的迫切需要

建筑节能是世界性的大潮流和大趋势,同时也是我国改革和发展的迫切要求,这是不以人的主观意志为转移的客观必然性,是 21 世纪我国建筑事业发展的一个重点和热点。

(一)冬寒夏热是我国气候的主要特点

冬季,西伯利亚和蒙古高原的寒流频繁南侵;夏季,大陆腹地受到强烈的太阳辐射。我国与世界上同纬度地区的平均温度相比,大体上东北地区气温偏低 14 ~ 18℃,黄河中下游偏低 10 ~ 14℃,长江南岸偏低 8 ~ 18℃,东南沿海偏低 5℃左右;而 7 月各地平均温度却大体要高出 1.3 ~ 2.5℃。与此同时,我国东南地区常年保持高湿度,整个东部地区夏季湿度也很高,即夏季闷热,冬季湿冷,此种不良的气候条件,必然会导致我国较高的采暖空调能耗。

(二)我国建筑用能数量巨大,浪费严重

我国城乡建筑发展迅速。截止 2000 年底,全国既有建筑面积,城市已至 76.6 亿 m²(其中住宅 44.1 亿 m²),农村则达 200.4 亿 m²(其中住宅建筑占 80%),全国每年建成的房屋建筑面积达 .16 ~ 19 亿 m²。其中按采暖建筑节能标准建造的仅为 1.8 亿 m²,占全部城乡建筑面积的 0.6%,占城市建筑面积的 2.3%。且限于北方少数城市的居住建筑。与气候条件接近的发达国家相比,我国居住建筑单位面积采暖能耗为他们的 3 倍左右,而且室内热环境很差。现在,这些高耗能建筑冬季采暖与夏季空调的使用正日益普遍,能源浪费更加严重。

(三)我国国民经济增长迅速,能源消费增长将得到控制

从新世纪开始,我国将进入全面建设小康社会,加快推进现代化的新的发展阶段,开始实施第三步战略部署。预计第一个 10 年,国内生产总值将翻一番。加入 WTO 后,我国经济将更快融入全球化进程,城市化进程不断加快,住房需求继续扩大,住房建设仍将是国民经济新的增长点和消费点,因此,建筑用能及其占总能耗的比例必将稳步增长。但从资源来看,据已探明的煤炭、原油、天然气三大能源储量,不到全世界已探明的 10%。而我国人口占世界总人口 22%,人均能源资源远低于世界平均水平,特别是石油和天然气资源更为短缺。今后,全国能源总产量的增加会得到控制,能源结构将

进行调整,煤炭用量所占的比例会逐步减少,而天然气、电力等清洁能源会得到较快增加,太阳能等可再生能源也将较快发展。通过西部大开发,西电东送,西气东输,将为建筑用能源结构的调整创造有利条件。

(四)我国城市空气污染十分严重

从我国总体来看,目前煤炭还是我国城市的主要能源。随着建筑用能不断上升,城市空气中总悬浮颗粒、CO_2 和 NO_x 等大气主要污染物指标,北方城市高于南方城市,采暖期高于非采暖期,而采暖期的污染值又随着气温的降低,即采暖燃煤量的增加而升高。由此可见,建筑用能是城市大气的一个主要污染源。只有从源头上减少建筑使用能耗,才能使我国城市采暖期大气污染的严重状况得到根本改变。

(五)地球变暖正在使我国蒙受巨大损失

由于我国国民经济的发展和对能源需求的增加,尽管已经做出了多方面努力,温室气体排放量仍在快速增长,现在已成为世界上温室气体排放第二大国。目前,建筑耗能量已超过全国总耗能量的1/4。随着人民生活的继续改善,建筑耗能量及其所占比例还将不断增加,由此排放的温室气体也必然会随之增长。这种情况,无疑是为地球变暖火上加薪。我国气温正在升高,华北平原1980年至1989年气温升高 $0.1 \sim 0.6$℃;1990年至1998年气温升高 $0.3 \sim 0.8$℃。地球变暖造成的后果,愈是在生态环境薄弱的地区,表现得愈为严重。近几年由于气候变化引起的特大灾害十分频繁,许多地方发生特大洪水、持续干旱,荒漠化加剧和沙尘暴频发,使我国蒙受损失之大,应当引起国人的警觉。

建筑节能问题和世界的前途、人类的命运、民族的生存以及经济社会的可持续发展紧密相连,建筑节能工作严重滞后的状况必须尽快得到扭转。

四、我国建筑节能工作必须坚持跨越式发展

对21世纪城乡建筑持续高速发展的形势,建筑节能工作必须跨越式发展,尽快扭转当前严重落后状况,以高能效的建筑为人民创造良好的工作与生活环境,使经济社会得以长期持续发展。我国的建筑节能工作已经走过了20多年的艰苦路程,制订了标准法规,组建了管理机构,安排了试点示范,加强了技术研究,发展了节能产业,开展了国际合作,成绩确实来之不易。但是,认识上的不足,体制上的不顺,法规上的不健全,技术上的不配套等,

还严重制约着建筑节能的开展。然而,社会的需要无疑是建筑节能发展的根本动力,无论存在着多大问题和多少的障碍,建筑节能终将成为我国可持续发展的基本需要。

(一)在不同气候区的各类新建和既有建筑中开展节能工作,并逐步提高节能要求

目前,随着建设部《民用建筑节能管理规定》的实施,建筑节能工作将同时向南推进。2001 年颁布并执行《夏热冬冷地区居住建筑节能设计标准》后,夏热冬冷地区居住建筑的节能工作也积极展开。

新建公共建筑的节能较为复杂,是一件紧迫的工作,"十五"期间将会开展起来,并将取得明显成效;既有建筑量大面广,节能改造任务更加艰巨,但随着住房制度改革和采暖、制冷空调的发展,建筑用能费用与住户的经济利益密切相关,通过试点示范和政策扶植,也一定会逐步蓬勃开展起来。

现在我们已经习惯于说第一步节能(即降低能耗 30%),以及第二步节能即降低能耗 30%+(1-30%)×30%≈50%。若干年后,随着经济实力的增强和节能技术的进步,推进第三步、第四步节能,以逐步缩小与发达国家之间的能耗差距。

(二)围护结构的节能要与采暖、空调、照明以及家用电器设备和系统的节能相结合,与推广新型墙材相结合

对于建筑围护结构,包括门窗、外墙、屋面和地面,都要加强保温隔热,提高气密性。当然,仅仅依靠围护结构的节能措施,是不可能取得应有的节能效果的,对设备及其系统也必须做好节能工作。随着能源结构的调整,采用不同能源的采暖方式(如地热采暖、地板辐射采暖、电热采暖、燃气采暖、太阳能采暖等)将会根据当地气候、能源条件与建筑情况有所发展。

近期,我国建筑空调仍将继续高速发展,中央空调与家用分体空调各有千秋。由于中央空调在大面积采用时比较经济,在公共建筑和一部分居住建筑中会成为主体。但传统空调所用工质 CFC 甚至 HCFC 对大气臭氧层造成破坏,会尽快被取而代之。变风量空调、蓄能空调、热泵型空调等节能型空调的使用将日益广泛。室内空气品质的改善也必将会受到更大重视。

(三)各个气候区的建筑热环境和大气环境逐步改善,建筑总能源有所增加

对各个气候区的建筑节能都应坚持节约建筑用能与改善热环境相结合

的原则。要在改善建筑热舒适条件下节约能源,并在节约能源的基础上,不断提高建筑热舒适程度。由于人民经济条件的改善,建筑物的保温隔热,加上采暖与空调,全国城镇建筑夏季室温低于30℃,冬季室温达到18℃的基本要求,是能够逐步实现的。

正是由于我国人民热舒适等生活条件将进一步改善,从小康逐步走向富裕,尽管建筑节能方面做出了巨大的努力,在目前我国人均能耗很低的情况下,建筑总能耗逐渐增长仍然是必然的趋势;但是如果不抓紧建筑节能工作,建筑总能耗增加的速度必然会快得多。

第二章 BIM技术的研究内容、方法及路线

第一节 BIM研究内容

由于"中国知网"文献收录过程,对BIM研究成果的分类仅按照学科分类。阅读中会发现大量文献有多个分类号,在系统了解BIM后,也很难完全认同学科分类号的分类方式。本书认为BIM的研究内容分类可以从BIM的定义出发,将对BIM的研究内容分为BIM技术研究(建筑信息模型)和BIM管理研究(信息模型的创建、传递和共享)。但是,BIM技术是将信息技术应用到建筑行业,跨学科科学研究是BIM的本性。大多数研究细分专业边界界定困难,分类结果还需考虑。因此,由于国内BIM研究存在很大的政策导向性,所以本节具体分类,考虑按照国家重点项目"建筑业信息化关键技术研究和应用"的主要目标,将BIM研究分为四大类:中国BIM标准研究类、国内BIM应用软件研究类、基于BIM的工程管理类、BIM经验总结类。再进一步按照文献讲述内容、已实现程度和文章的目的,将四大类BIM研究进一步细分。

一、BIM研究内容分析

(一)BIM标准体系研究

从"十五"规划起,我国BIM研究就考虑为了辅助BIM软件应用的管理进行信息化标准化的研究,以方便建筑业各相关产业的各环节共享和应用BIM。2011年,清华大学BIM组对BIM标准框架的研究初具成果,从宏观上为中国CBIMS标准进行定位,构建中国BIM体系结构,将BIM工具的规范主要分为技术标准和实施标准,提出从资源到交付物完整过程的信息传递保障措施。其中,依照标准通用程度,将BIM标准体系框架分为三层,包括专用基础标准、专业通用标准和专业专用标准。王勇、张建平等对IFC数据标准实际应用于建筑施工中进行研究,建立IFC(国际金融中心)数据扩展模

型,编制IFC数据描述标准,实例验证了IFC标准的可实施性[①];李犁、邓雪原认为BIM的核心在于信息共享和交换,分析BIM技术发展的当前问题,提出需要基于IFC标准并验证其可行性[②];周成、邓雪原还补充,用IDM标准可以弥补IFC标准开发特定软件时,存在数据完备与协调性不足的缺点[③]。从2014年,建筑信息模型(BIM)标准研讨会成功召开,建筑工程信息应用统一标准相关课题相应成立,到2016年,中国BIM系列标准编制工作正式启动,中国有望在短期内正式出台中国BIM标准体系。

(二)国内BIM应用软件研究

1.基于BIM的应用软件实例研究

BIM作为核心建模软件,何关培根据认识和经验总结过BIM软件,虽然很丰富,但不够系统[④]。本书将把基于BIM技术的各软件按应用阶段、主体指标和专业进行划分。在项目管理过程中结合实例考察BIM软件的研究成果和价值,通常专业软件的设计与工程目标或工程阶段的功能相结合,包括机电安装和幕墙等。尹奎等分析拟建的嘉里建设广场项目的BIM模型,证明了BIM对于物业管理和设备维护的价值。[⑤]游洋选择基于理想化的状态从机电专业观察BIM应用可能出现的问题,并总结了施工过程的一些影响。[⑥]裴以军等以一个运用BIM的机电设计工程实例检验BIM应用情况。[⑦]陈钧利用BIM技术进行设备房安装的模拟操作,展现BIM的绘制要点以及设备房模型对全生命期的作用。[⑧]龙文志提出建筑幕墙行业应推行BIM的重要,并论述幕墙行业应用BIM后可帮助企业成为提高科技含量,增强融资

---

① 王勇,张建平,胡振中.建筑施工IFC数据描述标准的研究[J].土木建筑工程信息技术,2011(04):9-15.

② 李犁,邓雪原.基于IFC标准BIM数据库的构建与应用[J].四川建筑科学研究,2013(03):296-301.

③ 周成,邓雪原.IDM标准的研究现状与方法[J].土木建筑工程信息技术,2012(04):22-27+38.

④ 何关培,邱勇哲.BIM技术发展与推广中的思考[J].广西城镇建设,2017(12):40-48+39.

⑤ 尹奎.嘉里建设广场——基于BIM技术的机电设备设施管理系统[J].工程质量,2013(06):12-15.

⑥ 游洋.从机电专业观察BIM技术在工程建设行业的全产业链应用[J].安装,2011(12):57-59.

⑦ 裴以军,彭友元,陈爱东,牛俊乔,蔡春良,孙亮.BIM技术在武汉某项目机电设计中的研究及应用[J].施工技术,2011(21):94-96+99.

⑧ 陈钧.利用BIM技术进行安装设备房建模的操作要点[J].施工技术,2013(S1):509-511.

能力,提高管理水平,提高行业水平[1]。结构工程作为建筑工程最重要的一部分,有大量学者为 BIM 有助于结构施工提供理论支持。吴伟以北京谷泉会议中心为例,说明 BIM 应用大大提高工作效率。姬丽苗介绍预制老旧小区节能改造结构设计中应用 BIM 的优势以及存在 PC 技术不成熟的问题[2]。苗倩利用 BIM 可视化技术,认为水利水电工程应用 BIM 仿真效果较为显著[3]。此类研究,通过实例研究,验证 BIM 软件功能与专业结合后的价值和缺陷。

此外,还有很多 BIM 在国内应用成功案例可作研究参考,包括上海世博、杭州奥体中心主体育场、重庆国际马戏城等等,BIM 成功案例证明了 BIM 应用的价值,也发现了 BIM 技术的不足。[4]

2.基于 BIM 技术的应用探索

目前,国内外 BIM 技术研究重点集中在虚拟设计、虚拟施工和仿真模拟,国内研究停留在分析阶段。赵彬、王友群等将 4D 虚拟建造技术应用在进度管理中,并与传统进度管理进行比较,论证 4D 技术的优越性。张建平在先前建筑施工支护系统研究过程,引入 4D-BIM 技术,生成随进度变化的支护系统模型,验证 4D-BIM 技术用于施工安全的可行性;随后又针对成本超支的现象,研究 4D-BIM 为提高管理水平提供新方法[5]。赵志平等就平法施工图表达不清的问题,验证 BIM 进行虚拟设计与施工的效果,并提出了相应人才培养的模式。柳娟花等分析国内外虚拟施工研究现状,最后对虚拟施工在建筑施工应用进行研究[6]。

因为 BIM 对硬件软件要求较大,云技术的发展为 BIM 提供更大的平台,实现更大的规模效应。陈小波考虑用"云计算"为 BIM 的协同提供便捷,三个层次满足信息共享、企业权限需求和数据动态更新的问题[7]。何清华提出基于"云计算"的 BIM 实施框架,用"云计算"的优势解决 BIM 的缺点,构建系

①龙文志.中国建筑幕墙行业应尽快推行 BIM[J].建筑节能,2011(01):53-56.
②姬丽苗.基于 BIM 技术的装配式混凝土结构设计研究[D].沈阳:沈阳建筑大学,2014:31-32.
③苗倩.基于 BIM 技术的水利水电工程施工可视化仿真研究[D].天津:天津大学,2011:17-18.
④BIM 工程技术人员专业技能培训用书编委会.BIM 技术概论[M].北京:重中国建筑工业出版社,2016.
⑤赵彬,王友群,牛博生.基于 BIM 的 4D 虚拟建造技术在工程项目进度管理中的应用[J].建筑经济,2011(09):93-95.
⑥柳娟花.基于 BIM 的虚拟施工技术应用研究[D].西安:西安建筑科技大学,2012:45-47.
⑦陈小波."BIM&云"管理体系安全研究[J].建筑经济,2013(07):93-96.

统的实施五层框架①。BIM 技术的研究在一定程度上,为其他建筑理念服务。绿色建筑是当前建筑技术研究的重要方向,基于 BIM 技术开展绿色建筑建设的设想与应用成为一项重点。除此之外,考虑基于 BIM 技术的绿色件数预评估系统,考虑运用 BIM 技术分析建筑性能,实现低耗节能的绿色建筑设计都成为深化节能技术的方向。李慧敏等还以绿色建筑为设计目标,从被动式建筑设计角度论证应用 BIM 的重要性。②刘芳也较为简洁地总结 BIM 对绿色建筑产生的积极意义③。针对建筑节能,邱相武采用 BIM 技术的建筑节能设计软件的开发,建立便捷的设计建筑模型,并分析相关功能。④云朋分析 BIM 与生态节能协同设计的框架,并提出还需解决的问题。⑤肖良丽对 BIM 在绿色节能方面发挥的作用进行说明,并虚拟模型控制一系列事件,达成建筑节能设计。⑥徐勇戈提出 BIM 技术在运营阶段对设备运行控制、能耗监测和安全疏散提供的技术价值。⑦

贾晓平认为,建筑的智能化是"智慧城市"的核心,智慧城市是新一代信息技术支撑,而 BIM 等先进的信息化技术是智慧建造的重要支撑。卫校飞声称 BIM 技术将会是智慧城市的重要支撑,BIM 和 GIS 的融合在智慧城市中应用显著。智慧城市将在未来对 BIM 技术的发展指出一定的方向。⑧

(三)基于 BIM 的工程管理研究

基于 BIM 的工程管理包括:对项目管理模式的研究,对项目目标的管理研究,对项目全生命过程的管理研究。

---

①何清华,潘海涛,李永奎,等.基于云计算的 BIM 实施框架研究[J].建筑经济,2012(05):86-89.

②李慧敏,杨磊,王健男.基于 BIM 技术的被动式建筑设计探讨[J].建筑节能,2013(01):62-64.

③刘芳.关于 BIM 技术对绿色建筑产生的积极意义的探讨[J].中外建筑,2013(06):60-61.

④邱相武,赵志安,邱勇云.基于 BIM 技术的建筑节能设计软件开发研究[J].建筑科学,2012(06):24-27+40.

⑤刘莹颖,云朋.基于飞行视景仿真技术和 BIM 技术的机场设计优化应用技术路线研究[J].土木建筑工程信息技术,2020(03):83-88.

⑥肖良丽,吴子昊,方婉蓉,等.BIM 理念在建筑绿色节能中的研究和应用[J].工程建设与设计,2013(03):104-107.

⑦徐勇戈,鹿鹏.基于 BIM 的大型建设工程项目组织集成[J].铁道科学与工程学报,2016(10):2092-2098.

⑧卫校飞.智慧城市的支撑技术——建筑信息模型(BIM)[J].智能建筑与城市信息,2013(01):96-100.

1.基于 BIM 的项目管理模式研究

张德凯等人认为,BIM 技术为建筑项目管理模式提供更有优势的选择,通过分析各管理模式与 BIM 融合后的优缺点,为 BIM 项目管理模式提出建议。其中,IPD 模式（Integrated Product Development, 简称 IPD）、精益建造模式、Partnering 模式作为新型的集成创新模式,强调从团队合作、组织结构的沟通和风险共担等方式实现集成化管理。BIM 技术为项目的集成化管理提供支撑,生产效率得以提高并帮助业主实现经济效益最大化[1]。BIM 的充分应用可为集成创新模式在组织集成、信息集成,目标管理、合同等各方面提供支持。马智亮总结 IPD 的实践问题,归纳了 BIM 技术可提升 IPD 实施效果的可行途径,构建了 BIM 技术在 IPD 中的应用框架。[2]包剑剑等人研究 IPD 模式下 BIM 结合精益建造理念的管理实施,将顾客感望也通过 BIM 归纳到 IPD 管理中。[3]滕佳颖、郭俊礼等人比较了传统模式和基于 BIM 的 IPD 模式信息流传递与共享方式及效率,研究 BIM 在项目及各阶段的应用并提出相应建模策略和具体应用方法,在此基础上,又进一步构建以 BIM 为基础的 IPD 信息策略,以及信息策略七个基础模型,提出以多方合作为基础的 IPD 协同管理框架。[4]徐韫玺、王要武等人提出了以 BIM 为核心构建建设项目 IPD 协同管理框架。[5]

2.基于 BIM 的项目目标管理研究

从工程项目关键目标的角度,BIM 技术为建筑产品全生命期提供了信息服务,并协助质量、进度、成本、安全以及文档合同的管理。赵琳等人论证了 BIM 技术为进度管理提供的便捷。[6]李亚东等人指出了 BIM 应用在质

①张德凯,郭师虹,段学辉. 基于 BIM 技术的建设项目管理模式选择研究[J]. 价值工程,2013(05):61-64.

②万晓曦. 马智亮:施工企业如何卓有成效的应用 BIM 技术[J]. 中国建设信息,2013(22):18-21.

③包剑剑,苏振民,王先华. IPD 模式下基于 BIM 的精益建造实施研究[J]. 科技管理研究,2013(03):219-223.

④郭俊礼,滕佳颖,吴贤国,等. 基于 BIM 的 IPD 建设项目协同管理方法研究[J]. 施工技术,2012(22):75-79.

⑤徐韫玺,王要武,姚兵. 基于 BIM 的建设项目 IPD 协同管理研究[J]. 土木工程学报,2011,44(12):138-143.

⑥赵琳,李孟,陈娜,等. 长距离输水管道 BIM 快速建模技术研究与应用[J]. 水利规划与设计,2018(02):48-51.

量管理方面的实施要点和关键数据处理。①姜韶华等人根据BIM可支持建筑全项目周期信息管理,提出了一个系统化的建设领域——非结构化文本信息的管理体系框架。②许俊青、陆惠民提出将BIM应用于建筑供应链的信息流管理,并设计了供应链的信息流模型基本架构。③

3.基于BIM的全生命过程管理的研究

全生命过程的管理,包括全生命期内的信息集成与全生命过程不同阶段的协同研究,既包括不同参与方的信息集成与协同,又包括不同阶段的信息集成与协同。利用BIM技术展开的信息集成化管理,为建筑业的企业管理带来了新的思路和方法,改变了施工企业的传统管理模式,实现了建筑企业集约化管理。潘怡冰等人认为,大型项目利用信息集成管理可以使组织高效,而信息集成管理的核心是BIM,运用BIM构建了包括项目产品、全生命过程和管理组织的大型项目群管理信息模型。④吕玉惠、俞启元等人研究了利用BIM技术进行施工项目多要素的集成管理,提出了相应的系统架构。⑤张建平等通过研究集成BIM基本结构、建模流程、应用架构以及建模关键技术,开发了BIM数据集成与服务平台原型系统。⑥

全生命过程的协同,重点研究设计和施工的协同,考虑设计阶段和施工阶段BIM的应用价值和潜力,完善协同工作平台,实现无缝连接,提高设计和项目施工的工作效率、生产水平和质量。针对设计企业的核心竞争要素,张建平等探讨了BIM在工程施工中的现状,将4D和BIM相结合,提出工程施工BIM应用的技术架构、系统流程和应对措施。王耀等提出BIM为施工

①李亚东,郎灏川,吴天华. 基于BIM实施的工程质量管理[J]. 施工技术, 2013, 42(15):20-22+112.

②姜韶华,李丽娜,戴利人. 基于BIM的项目文本信息集成方法研究[J]. 工程管理学报, 2015, 29(04):101-106.

③许俊青,陆惠民. 基于BIM的建筑供应链信息流模型的应用研究[J]. 工程管理学报, 2011, 25(02):138-142.

④潘怡冰,陆鑫,黄晴. 基于BIM的大型项目群信息集成管理研究[J]. 建筑经济, 2012 (03):41-43.

⑤俞启元,吕玉惠,张尚. BIM在建筑业PMC模式中的应用研究[J]. 建筑经济, 2016, 37 (12):31-34.

⑥张建平,余芳强,李丁. 面向建筑全生命期的集成BIM建模技术研究[J]. 土木建筑工程信息技术, 2012, 4(01):6-14.

现场的可视化管理提供便捷[1]。修龙[2]总结设计单位提供的设计模型在施工过程中,因BIM模型精度需求不同,缺乏完善手段,效益归属不明确等原因造成的无法直接使用的问题。部分单位应该尝试提升项目的协同能力,如机械工业第六设计院进行恒温车间的改造,昆明建筑设计研究院进行的医院项目三维协同设计等。

(四)BIM研究所在阶段与发展方向

我国BIM技术的研究已经初具规模,国内BIM的研究处于S2和S3阶段之间;技术性问题主要集中在设计阶段和施工阶段的协同,包括4D虚拟施工等,需要更多的技术指导为BIM发展做支撑。管理性问题主要集中在信息集成、全生命周期管理方面,应考虑相应的项目管理交付方式与精益建造等理念相结合。学者们提出了多种管理模式为BIM管理提供支持,IPD支付模式优势较为明显,但是否存在更合适更实用的管理,尚在研究中,还需要更多的实验和更深入的思考。随着BIM技术研究的深入,BIM标准需要逐步规范,包括基于IFC、IDM的BIM标准研究。BIM标准的研究和确定需要相应法律法规政策的支持,这是国内科技研究的关键。如今,因为实际经验较少,学者对BIM应用障碍进行的总结分析尚缺系统性,还需要配合相应合理的理论逐步总结。目前,国内的BIM实施策略研究较少,在本土化之后,BIM发展方向和发展战略是否可以依照国外经验,还需结合中国特色,合理规划。

二、BIM在施工阶段质量管理中的应用研究

基于BIM的施工阶段质量管理主要包括以下两个部分,具体内容如下。

(一)产品质量管理

所谓产品指的是建筑构件和设备,不仅可以通过BIM软件快速查找所需材料及构配件的材质、尺寸等基本信息,还可以根据BIM设计模型实现对施工现场作业产品进行追踪、记录、分析,实时监控工程质量。

(二)技术质量管理

BIM软件能够动态模拟施工技术流程,施工人员按照仿真施工流程施

①王耀,BIM技术在提高工程项目精细化管理水平的综合应用.河南省,中国建筑工程有限公司第七工程局,2016-04-07.
②修龙,赵昕.BIM——建筑设计与施工的又一次革命性挑战[J].施工技术,2013,390(11):1-4.

工,避免了实际做法和计划做法的偏差,使施工技术更加规范化。

下面仅对BIM在施工阶段质量管理中的应用进行具体介绍。

1.碰撞检查

传统建筑二维图纸在设计阶段,汇总结构、水暖电等专业设计图纸,一般由工程师查找和协调问题。但是,人为错误是不可避免的,导致各专业发生了许多冲突,造成了巨大的建设投资浪费。一项调查显示,参与施工过程的各方有时需要支付数百万甚至数千万的价格来弥补造成的损失。

目前,BIM技术在三维碰撞检测应用中已经相当成熟,在设计建模阶段能够直观准确地观察各种冲突和碰撞。

2.大体积混凝土测温

在大体积混凝土结构中,通过自动监测管理软件检测大体积混凝土温度,然后无线传输到在分析平台上自动收集温度数据,分析温度测量点,形成动态检测管理。通过计算机获得温度变化曲线图,随时掌握大体积混凝土温度的变化,然后根据温度的变化,随时加强保护措施,确保大体积混凝土的施工质量。利用基于BIM的温度数据分析平台可对大体积混凝土进行温度检测。

3.施工工序中的管理

工序是施工过程中最基本的部分,工序的质量决定了施工项目的最终质量是好是坏。工序质量控制是对工序活动投入的质量和工序活动效果的质量进行控制,也就是对分项工程质量的控制。基于BIM技术的工序质量控制的主要工作是利用BIM技术确定工序质量控制工作计划、主动控制工序活动条件的质量、实时监测工序活动效果的质量、设置工序管理点来保证分项工程的质量。

三、BIM在施工阶段成本控制中的应用

成本管理过程是指通过系统工程原理计算,调节和监督生产经营过程中发现的各种费用的过程。为了充分发挥BIM在建设成本控制方面的优势,更好地帮助管理者改进成本控制,本节介绍了BIM在施工成本控制系统中的应用,分阶段构建了基于BIM的施工成本控制系统,针对BIM的施工成本控制工作内容进行了分析,下面介绍建设初期、施工阶段和竣工结算阶段三个阶段成本控制的具体应用内容。

(一)招投标阶段成本控制

1.商务标部分

商务标是投标文件的核心部分,目前很多项目都采用最低价评标法,商务标中报价是决定中标的首要因素。传统商务标的编制需要造价人员通过烦琐的计算公式列计算式子、敲计算器手算出结果。基于 BIM 的自动化算量功能可以让造价人员避免烦琐的手工算量工作,大大缩短了商务标的编制时间,为投标方留出了更多的时间去完成标书的其他内容。

2.技术标部分

当项目结构复杂和难度高时,招标方对技术标的要求也越高,由于 BIM 技术具有可视化的特点,可以直观地展示技术标的内容,帮助投标单位在评标过程中脱颖而出。利用 BIM 技术进行施工模拟,将重点、特殊部位的施工方法和施工流程进行直观的展示,这种方法直观且易理解,即使没有相关专业基础的局外人也能看懂;还可以利用 BIM 技术的碰撞检查对设计方案进行优化,也可以在投标书中单独设置一章节,详细说明中标后基于 BIM 技术的管理构想,给业主和评标专家留下良好的印象。

(二)合同签订成本控制

施工单位中标后,承包商和业主开始签订施工合同,施工合同的大部分条款都涉及项目造价,BIM 模型提供自动化算量功能,可以快速核算项目的成本,对成本的形成过程进行可视化模拟;BIM 技术的可视化、模拟性等特点,还可以解决合同签约过程中签约双方的沟通问题,缩短了合同签约时间,在一定程度上加快了工程进度。

(三)施工组织设计

基于 BIM 技术的施工方案可以对施工项目的重要和关键部位进行可视化模拟;也可以利用 BIM 技术对施工现场的临时布置进行优化,参照施工进度计划,形象模拟各阶段现场情况,合理进行现场布置;也可以利用 BIM 技术对管线布置方案进行碰撞检查和优化,减少施工返工。

(四)施工成本计划的编制

施工成本计划的编制是施工成本管理关键的一步,施工管理人员在编制施工成本计划时,首先根据项目的总体环境进行分析,通过对工程实际资料的收集整理,根据设计单位提供的设计材料、各类合同文件、相关成本预测材料等,结合实际施工现场情况编制施工成本计划。应用BIM技术的工程项目,项目全生命周期的各类工程数据都保存在BIM模型中,计划编制人员能够方便、快速地获取需要的数据,并对这些数据进行分析,提升了计划编制工作效率。

(五)基于BIM的施工阶段成本控制体系

1.多维度的多算对比

所谓多维度是指时间、工序、空间位置三个维度,多算则是指成本管理中的"三算",即设计概算、施工图预算和竣工决算,多维度的多算对比是指从时间、工序、空间位置三个维度,对施工项目进行实时三算对比分析。运用BIM技术以构件为单元的成本数据库,利用Revi软件导出含有构件、钢筋、混凝土等明细表,进行检查和动态查询,并且能直接计算、汇总。而且在具体工程施工阶段过程中,随时都可以调出该工序阶段的算量信息,设计概算、施工预算可以及时从BIM中提取所需数据进行三算对比分析,找出成本管理的问题所在。

2.限额领料的真正实现

虽然限额领料制度已经很完善,但在实际应用中还是存在以下问题:采购计划数据找不到依据、采购计划由采购员个人决定、项目经理只能凭经验签名、领取材料数量无依据,造成材料浪费等。

BIM技术的出现为限额领料制度中采购计划的制定提供了数据支持。基于BIM软件,能够采用系统分类、构件类型等方式对多专业和多系统数据进行管理。基于BIM技术还可以为工程进度款申请、支付结算工作提供技术支持,可以准确地统计构件的数量,并能够快速地对工程量进行拆分和汇总。

3.动态的成本管理

在利用BIM技术建立成本的5D关系数据库时,3D模型、时间和工序,施工过程中所产生的各项数据都被录入到成本关系数据库中,能快速地对成本数据进行统计或拆分,以WBS(工作分解结构,work breakdown structure,WBS)单位工程量为主要数据进入成本BIM中,能够快速对成本实现多维度的实时成本分析,实现项目成本的动态成本管理。

4.改善变更管理

BIM模型实现了施工图纸、材料及成本数据等在工程信息数据库中的有效整合和关联变动,实时更新变更信息和材料价格变化。工程各参与方都能及时了解变更信息,以便各方做出有效的应对和调整,提高了变更工作处理效率。

现阶段,在施工阶段成本管控的首要难题是成本核算不能服务于成本决策及成本预测。基于 BIM 技术的算量方法为建设施工提供了一个新的施工方案,将大大简化竣工阶段的成本核算工作,并减少大量的人为计算失误,为算量工作人员减轻负担。而且 BIM 模型数据更新及时,数据清晰。随着工程的施工进展,最终交付项目阶段的 BIM 模型已是一个包含了施工全过程的设计变更、现场签证等信息的数据系统,项目各参与方都可以从数据系统中根据自身需求快速检索出相关信息,而成本核算的结果可以为今后其他工程的成本决策及成本预测起到一定的参考作用。

第二节 BIM 研究方法

国务院印发的《"十三五"节能减排综合工作方案》要求强化节能,大力发展绿色建筑。绿色建筑在我国发展迅猛,为了评判建筑是否达到绿色建筑的标准,我国和地方都发布了相应地区的绿色建筑评价标准。由于我国绿色建筑相对于国外的发展还不成熟,所以在现阶段绿色设计上还存在一些问题。在本节,我们将就 BIM 技术在绿色建筑设计上的研究方法进行介绍。

一、BIM 技术在绿色建筑设计中的方法

(一)绿色建筑设计存在的问题

1.对绿色建筑设计理念认识薄弱

现阶段的绿色建筑设计由于项目的设计时间不充裕,缺少与绿色建筑咨询团队的沟通,并没有使绿色咨询团队真正地参与到设计的每个阶段,尤其是现在的很多绿色建筑,在设计前期还是采用传统的设计方法,并没有对场地气候,场地的地形、地况,场地风环境、声环境等影响绿色建筑设计的自然因素进行科学有利的分析,只是按照设计师自己的经验进行前期设计,这就导致了绿色建筑的设计"节能"理念没有从开始就进入到项目中,没有从

根本上解决技术与建筑的冲突,而且现在绿色评估和性能模拟也是等到设计完成后再进行,并没有对设计形成指导性的作用。

当绿色建筑评选星级时,建筑可以依据合理的自然采光、自然通风达到评分要求,也可以选择通过高性能的机电设备达到评分要求,很多项目往往采用后者,花费大量成本使用高价的设备,这个现象造成的主要原因是设计人员缺乏对绿色建筑适宜性技术的理解,缺少对项目环境的分析和与绿色建筑咨询团队的密切沟通。[①]

2.全生命期内绿色建筑信息缺失

绿色建筑的理念注重全生命期,一个优秀的绿色建筑项目,不仅要在设计中应用到绿色设计技术,还应该把产生的绿色建筑的设计信息数据传递下去,以便这些设计信息数据能指导以后的施工以及项目的运营维护。而现阶段的绿色建筑项目越来越复杂化,设计的图纸信息很难从众多的二维图纸中提取有效的绿色建筑信息数据并一直保存到绿色建筑的运营阶段。在绿色建筑施工阶段审查时发现,许多的绿色建筑设计信息得不到实现,少数得以实现的设计也因为人员缺乏对资料数据的保管意识,以及参与项目专业众多性,而使数据得不到统一的交付,最终导致绿色建筑在全生命期内信息的缺失。

(二)BIM在绿色建筑设计应用中的优势

针对绿色建筑设计存在的问题,结合BIM技术的特点,利用BIM技术解决绿色建筑设计中的问题,优化绿色建筑设计。

1.协同设计

绿色建筑是一个跨学科、跨阶段的综合性设计过程,绿色建筑项目在设计过程中,需要业主、建筑师、绿建咨询师、结构师、暖通工程师、给水工程师、室内设计师、景观工程师等各专业的参与和及时沟通,以便大家在项目中统一综合一个绿色节能的设计理念,注重建筑的内外系统关系,通过共享的BIM模型,随时跟踪、修改方案,让各个专业参与项目的始终,并注重各个专业的系统内部关联,如安装新型节能窗,保温性能比常规窗的高,在夏天

---

①刘霖,基于BIM技术的施工安全管理研究[D].重庆:重庆大学,2017:13-14.

2.性能分析方案对比

常规的绿色建筑的性能分析模拟,必须由专业的技术人员来操作使用这些软件并手工输入相关数据,而且在使用不同的性能分析软件时,需要重新建模进行分析,当设计方案需要修改时,会造成原本耗时的数据录入和重新校对,模型需重新建模。这样就浪费了大量的人力、物力。这也是导致现在绿色建筑性能模拟通常在施工图设计阶段,成为一种象征性工作的原因。

而利用 BIM 技术,就能很好地解决这个问题,因为建筑师在设计过程中,BIM 模型就已经存入大量的设计信息,包括几何信息、构件属性、材料性能等。所以性能模拟时可以不用重新建模,只需要把 BIM 模型转换到性能模拟分析常用的 gxml 格式,就可以得到相应的分析结果,这样就大大降低了性能模拟分析的时间。

通过对场地环境、气候等的分析和模拟,让建筑师理性科学地进行场地设计,提出与周围环境和谐共生的绿色项目。在方案对比时,利用 BIM 建立体量模型,在设计前期对建筑场地进行风环境、声环境等模拟分析,对不同建筑体量进行能耗的模拟,最终选定最优方案,在初步设计时,通过再次性能模拟对最优方案进行深化,以实现绿色建筑的设计目的。

3.全生命期建筑模型信息完整传递

绿色建筑与 BIM 均注重建筑全生命期的概念。BIM 技术信息完备性的特点使 BIM 模型包含了全生命期中所有的信息,并保证了信息的准确性。利用 BIM 技术可以有效地解决传统的绿色建筑信息冗繁、信息传递率低等问题。BIM 模型承载着绿色建筑设计的全部数据,包括施工要求的材料、设备系统和建筑材料的属性、设备系统的厂家等信息。完整的信息传递到运营阶段,使业主能更全面地了解项目,从而进行科学节能的运营管理。

(三)基于 BIM 的绿色建筑设计方法

基于 BIM 平台进行绿色建筑设计,可以参照传统的设计流程,对绿色建筑设计流程进行规范,并使绿色建筑设计理念加入每个设计环节,使之成为在设计院就可以进行实际操作的工作方法和工作流程。

先建立绿色建筑设计团队。绿色建筑包含的专业较为广泛,所以应该在建筑、结构、电气、设备等专业团队的基础上增设规划、经济、景观、环境、绿色建筑咨询等专业人员。绿色建筑团队扩建后,还要在此基础上进行 BIM 团队的整合,开始要指定专门的 BIM 经理,这就要求绿色建筑项目的

BIM经理应该是对BIM技术及整个建筑绿色设计、施工、运行全面了解的人,并带领BIM建模人员、BIM分析员、BIM咨询师和绿建设计团队,对绿建项目进行整体工作内容的编制。

1.确定建设项目的目标

确定建设项目的目标,包括绿色建筑项目建成后的评价等级,搭建BIM交流平台让各参与方探讨研究项目的定位,统一形成共同的设计理念。

2.制定工作流程

在BIM经理的带动下,指定实际的负责项目的工程师设计BIM模型,并确定不同的BIM应用之间的顺序和相互关系,让所有团队成员都了解各自的工作流程和与其他团队工作流程之间的关系。

3.确定建立模型过程中的各种不同信息的交换条件

定义不同参与方之间的信息交换条件,使每个信息创建者和信息接收者之间必须非常清楚地了解信息交换的内容、标准和要求。

4.制定实施在BIM技术下的软件硬件方案

确定BIM技术的范围、BIM模型的详细程度。

5.确保绿建设计团队在设计每个阶段的介入

保证对绿色建筑项目以绿色建筑评价标准的要求进行指导和优化。

因为现有的绿色建筑设计导则和评价标准的条文大部分是按照建筑结构、电气、设备等的专业体系分类的,或者是按照"四节—环保"的绿色建筑体系进行分类,缺少以项目时间纵向维度为标准的分类,作者参考传统设计的时间流程,把绿色建筑设计分为设计前期阶段、方案设计阶段、初步设计阶段、施工图设计阶段四个阶段,作为基于BIM技术在绿色建筑设计中的应用工作流程。这样不仅保证了绿色建筑设计理念在整个设计过程中的使用,还使设计人员简单了解了工作流程。

(四)BIM技术在绿色建筑设计前期阶段的应用研究

1.绿色建筑设计前期阶段BIM应用点

传统建筑的前期设计一般以建筑师们的经验积累做指导,而绿色建筑在设计前期阶段时,为了实现《绿建标准》的要求,需要综合考虑和密切结合地域气候条件和场地环境,了解绿色建筑设计相关的自然地理要素、生态环境、气候要素、人文要素等方面。为绿色建筑的场地设计做好基础,为优化设计技术做好预备。

自然地理要素包括：①地理位置；②地质；③水文；④项目场地的大小、形状等。

生态环境要素包括：①场地周边的生态环境包含场地周边的植物群落、本土植被类型与特征等；②场地周边污染状况；③场地周边的噪声等情况。

人工要素包括：①周边的已有建筑；②场地周边交通情况；③场地周边市政设施情况。

气候要素包括：①项目所在地的气候；②太阳辐射条件和日照情况；③空气温度包含冬夏最冷月和最热月的平均气温和城市的热岛效应；④空气湿度包含空气的含湿量等；⑤气压与风向。

绿色建筑设计师通过了解这些要素并综合分析，进行场地设计时应尽量保留场地地形、地貌特色，充分利用原有场地的自然条件，顺应场地地形，避免对场地地形、地貌进行大幅度的改造，尽可能保护建筑场地原有的生态环境，并尽最大努力改善和修复原有生态环境，使项目融入原有生态环境中，减少对地形植被的破坏。为此在绿色建筑设计前期阶段，我们可以采用BIM技术进行场地气候环境分析，这样能为设计师更加科学地选出项目的最佳朝向，最佳布置做基础。对于场地的自然地理要素、生态环境要素、人文要素等，我们可以采用BIM技术进行场地建模、场地分析、场地设计。因为传统的基地分析会存在许多的不足，而通过BIM结合地理信息系统（GIS），可以对场地地形及拟建建筑空间、环境进行建模，这样可以快速地得出科学性的分析结果，帮助建筑设计师本着节约土地、保护环境、减少环境破坏，甚至修复生态环境的原则，做出最理想的场地规划、交通流线组织和建筑布局等，最大限度地节约土地。

2.BIM技术在绿色建筑设计前期的应用

1)场地气候环境分析

通过对建筑场地气候的分析，建筑师在充分了解场地气候条件后，依此来考虑绿色建筑的适宜性设计技术。

在绿色建筑设计前期阶段，对场地气候进行分析，可以使用BIM软件Analysis中的Weather Tool，它可以将气象数据的二维数字信息转化成图像，从而帮助建筑师可视化地了解场地的相关气象信息，也可以将气象数据转换在焓湿图中，通过焓湿图可以让建筑师直观地了解到当地的热舒适性区域，并根据焓湿图分析各种设计技术对热舒适的影响。对于太阳辐射的分析也可以通过Weather Tool来模拟,以得到场地地域的各朝向的全年太阳辐射情况,并根据全年内过热期和过冷期太阳辐射的热量,计算项目的相对最佳建筑朝向。通过软件的分析,长春地区最佳朝向是南偏东30°、南偏西10°,适宜朝向南偏东45°、南偏西45°,不宜朝向北、东北、西北。

2)场地设计

场地设计的目的是通过设计,使场地的建筑物与周围的环境要素形成一个有机的整体,并使场地的利用达到最佳的状态,从而充分地发挥最大的效益,以达到绿色建筑节约土地的目的。传统的建筑场地设计大多是设计师依据自己的经验和对场地的理解进行设计的,但场地设计涉及很多要素,人工分析还是会有很大困难的。但应用BIM技术可以解决传统设计的不足,首先用BIM技术进行场地模型,并在场地模型基础上进行场地分析,进而就可以进行科学理性的场地设计。

第一,场地建模。场地模型通常以数字地形模型表达。BIM模型是以三维数字转换技术为基础的,因此,利用BIM技术进行场地模型,数字地形高程属性是必不可少的,所以首先要创建场地的数字高程模型。

建立场地模型的数据来源有多种,常用的方式包括地图矢量化采集、地面人工测绘、航空航天影像测量三种。随着基础地理信息资源的普及,可免费获取的DEM(数字高程模型)地形数据越来越多,即使无法直接获得DEM模型,但有地形的基础数据、非数字化、三维化的地形资料,我们可以通过Revit. Civil 3D等BIM软件创建场地地形模型,以Revit场地建模为例,首先,设置"绝对标高"的数值,然后导入DWG等格式的三维等高线数据,最后通过点文件导入的方式创建地形表面。

当无法获取DEM数据,或获得的数据时效性差,还需要获取周围现有建筑、周围植物密度、树形、溪流宽窄等以上三种数据情况时,需要自行获取地形数据。目前,采用无人机扫描和无人机摄影测量两种方式,它们主要通过扫描和摄影,结合全站仪和测量型GPS给出的坐标控制点,把这些导入软件并行处理形成DEM。对现有周围建筑物,可采用地面激光扫描建模和无人机测绘建模方式,地面激光扫描是通过基站式扫描仪对在水平和仰视角度接收和计算目标的坐标形成测绘,无人机测绘建模是指多角度围绕拍摄定点,合成建筑外形。

第二,场地分析。项目场地大多数是不平整的,场地分析最重要内容是高程和坡度分析。利用 BIM 场地模型,我们可以快速实现场地的高程分析、坡度分析、朝向分析、排水分析,从而尽量地选择较为平坦、采光良好、满足防洪和排水要求的场地进行合理规划布局,为建设和使用项目创造便利的条件。

高程分析可以使用 BIM 软件 Civil 3D,在软件中首先在地形曲面的曲面特性对话框"分析"中设定高程分析条件、高程分析的最佳值、高程分析的分组数,即可得到高程分析结果。通过高程分析,设计师可以全面掌握场地的高程变化、高程差等情况。通过高程分析也可为项目的整体布局提供决策依据,以便满足建筑周边的交通要求、高程要求、视野要求和防洪要求。

坡度分析是按一定的坡度分类标准,将场地划分为不同的区域,并用相应的图例表示出来,直观地反映场地内坡度的陡与缓,以及坡度变化情况。在 Civil 3D 软件中,分析结果有不同颜色,或具体颜色坡度箭头两种表示方法。

朝向分析是根据场地坡向的不同,将场地划分为不同的朝向区域,并用不同的图例表示,为场地内建筑采光、间距设置、遮阳防晒等设计提供依据的过程。使用 Civil 3D 软件,设定朝向分组,把设定的朝向分析主题应用到场地模型,即可得到场地朝向分析结果。

排水分析,在坡地条件下,主要分析地表水的流向,做出地面分水线和汇水线,并作为场地地表排水及管理埋设依据。使用 Civil 3D 软件,首先在地形曲面特性对话框"分析"标签页设定最小平均深度,在设置分水线、汇水线、汇水区域等要素颜色的同时,运行分析功能,并在地形模型中显示分析结果。

第三,场地平整。场地平整是对要拟建建筑物的场地进行平整,使其达到最佳的使用状态,场地平整是场地处理的重要内容。平整场地应该坚持尽量减少开挖和回填的土方量、尽量不影响自然排水方式、尽量减少对场地地形和原有植被的破坏等原则进行。BIM 技术的场地平整是基于三维场地模型进行的,使用 Revit 软件进行场地平整,首先在现有地形表面创建平整区域,然后在平整区域设置高程点,完成后的地形表面会和原地形表面重叠显示;使用 BIM 技术进行平整场地,可以进行多方案设计,因为此技术可以直接得到精准的施工土方量,使设计师更加科学地选取最优方案,减少土方施工。

第四,道路布设。道路是建筑内部的联系,在道路设计时尤其是复杂地形的项目,除了要满足横断面的配置要求,符合消防及疏散的安全要求,达到便捷流畅的使用要求外,还需要考虑与场地标高的衔接问题。而在BIM的Power Civil软件中,场地道路设计就能够依照设计标高自动生成道路曲面,实现平面、纵断面、横断面和模型协调设计,具有动态更新特性,从而帮助设计师进行快速设计、分析、建模,方便设计师探讨不同的方案和设计条件,摆脱传统设计过程中繁多琐碎的画图工作,从而为高效地设计场地道路。

第三节 BIM技术路线

在前面两节的内容中,我们重点介绍了有关BIM技术的研究内容、研究方法,在本节中,我们将讨论BIM相关技术路线的开展,对BIM技术做出进一步的探讨,希望通过本节的介绍,读者能有所收获。

一、施工企业BIM应用技术路线分析

如果把BIM和目前已经普及使用的CAD(计算机辅助设计)技术进行比较,会发现CAD基本上是一个软件的事情,只是换了一个工具、换了一种介质,更多地表现为使用者的个人能力,BIM则远非如此。BIM的特点决定了其对建筑业的影响和价值将会远比20年前的CAD来得更为广泛和深远,同时也决定了学习掌握和推广普及BIM所需要付出的努力和可能遇到的困难要远比CAD大得多。

时任美国Building SMART联盟主席Dana K.Smith在其2009年出版的BIM专著中提出了这样一个论断:"依靠一个软件解决所有问题的时代已经一去不复返了"。美国总承包商协会(Associated General Contractors of American,AGC)罗列的BIM常用软件有84项,加拿大BIM学会(Institute for BIM in Canada,IBC)则介绍了79项常用BIM软件的功能、适用专业和软件厂商等资料。

选择一条合适的技术路线是企业开展BIM应用的基础,而最终落实具体使用哪些BIM软件互相配合来完成企业各个岗位或专业的工程任务则是BIM应用技术路线选择工作的核心内容。在当年CAD开始普及应用的时代,由于软件种类和数量相对较少、数据互用要求程度不高,这个工作并没有显得那么迫切和重要。而今天当企业真正开始实施BIM应用的时候,数

据互用被放到了非常重要的位置,软件种类和数量也大大增加,对于企业来说,选择合适的 BIM 应用技术路线已经不再是一件可有可无的事情了。

除了上述提到的文献外,Lachmi Khemlani 对几种常用 BIM 软件的性能和功能进行了比较系统和深入的评估。除此之外,目前还没有看到面向企业的 BIM 应用技术路线分析资料。而在业主、设计和施工企业三类项目主体之中,比较而言,施工企业由于本身岗位和专业种类多、需要使用的软件种类和数量多并且总体成熟度不如设计软件等原因,所面临的 BIM 应用技术路线选择难度也要比业主和设计企业大得多,同时施工企业对 BIM 技术应用的迫切程度也比业主和设计企业要高,因此对施工企业 BIM 应用技术路线选择的方法、过程和影响因素等进行分析,在目前,国内 BIM 正处于由少数专业团队在一定范围内普及并在合适项目应用的转变时期,对施工企业降低 BIM 应用风险和提高投入产出效益具有实际意义。[①]

(一)BIM 业务目标决定技术路线

随着 BIM 应用的普及和深入,越来越多的企业认识到不能照搬过去 CAD 普及主要靠从业人员个人的经验,BIM 的成功应用需要企业有合适的 BIM 实施整体规划和团队组织自顶向下执行。目前,各类企业 BIM 实施方案进行分析,发现:大部分 BIM 实施方案的内容都是在描述 BIM 本身能做什么,而不是描述为了实现企业或项目的工作目标,BIM 应用应该做什么以及如何来做。这里有各类项目及其 BIM 应用团队(包括外聘 BIM 服务团队)经验不足等具体的技术问题,但是更关键的问题在于这些 BIM 实施方案缺乏明确的 BIM 应用业务目标。

评价一个 BIM 方案或者措施好坏固然需要从若干不同的角度进行考量,但是,其中最关键的指标应该是这个方案和措施能否实现该企业或项目 BIM 应用的业务目标,在能够实现业务目标的基础上,再寻找投入产出的最佳方案。因此,如果没有明确的 BIM 应用业务目标,从根本上就无法评价某个 BIM 实施方案的好坏。在这一点上,2016 年 7 月,美国建筑科学研究院 Building SMART 联盟委托宾夕法尼亚州立大学研究发布的美国《业主 BIM 规划指南 1.01 版 –BIM Planning Guidefor Facility Owners Version 1.01》,给出了 BIM 业务目标和 BIM 应用点的对应关系。

一般而言,从确定 BIM 应用业务目标到选择 BIM 技术路线的过程,需要

①徐勇戈,高志坚,孔凡楼. BIM 概论[M]. 北京:中国建筑工业出版社,2018:21-35.

解决如下三大任务：①明确BIM应用业务目标，知道为什么要用BIM，用BIM实现什么目标。②为了实现上述业务目标，需要用BIM完成哪些具体任务。③完成上述BIM应用的具体内容，应该选择怎样的技术路线，包括软件、硬件、数据标准、数据交换等。因此，施工企业在着手选择和评估BIM应用技术路线之前，必须先确定BIM应用要达到的目标以及用BIM完成哪些具体工作来实现这个目标。

（二）BIM技术路线选择的技术因素

1.企业BIM应用技术路线选择的典型步骤

明确了BIM应用需要实现的业务目标以及BIM应用的具体内容以后，接下来的工作才是选择相应的BIM技术路线。企业BIM应用技术路线选择的典型步骤可分为：步骤一，理论上是否可行？步骤二，实现上有无软硬件支持？步骤三，综合效益是否合理？步骤一和步骤二属于影响技术路线选择的技术因素，而步骤三则属于非技术因素。

理论上是否行得通是判断某种BIM应用技术路线是否可行的第一步。对于施工企业而言，尽管每个企业内部的组织架构、部门及岗位数量和职责划分不尽相同，但从BIM应用的角度来分析，基本上都可以归结为技术和商务两大类型，前者包括土建、安装、钢构、幕墙等部门，后者包括商务、成本等部门。也就是说，施工企业BIM应用技术路线的选择至少需要同时考虑技术和商务两类型部门和岗位的要求。

一旦某种BIM技术路线在理论上确定可行后，就要分析在当前市场上可以使用哪些对应的软硬件产品（注：由于硬件的选择相对简单，本书后面的讨论重点关注BIM软件）来实现这个技术路线，包括这些不同的软硬件之间如何集成或配合工作等。因为对于把BIM当作提高工作效率和质量工具的施工企业而言，如果没有合适的产品支持，所谓的技术路线也就会成为没有实际意义的空中楼阁。

关于实现BIM技术路线所必须要使用的BIM软件，可参考如下被行业广泛认可的基本事实：①无论从理论上还是实际上，找不到也开发不出来一个可以解决项目生命周期所有参与方、所有阶段、所有工程任务需求的"超级软件"，即使能有这种软件存在，由于软件用户的专业和岗位分工以及个人能力限制，也找不到需要和能够使用这个软件的"超人用户"。②在目前市场已经普遍使用的BIM软件中，找不到任何一款软件其功能、性能、多专业支持、数据交换、扩展开发、价格、厂商实力等各方面都比其他同类软件有优势的,也就是说在任何一类软件中,不同产品都有各自的优劣势。基于上述事实,在确定技术路线的过程中就只能根据 BIM 应用的主要业务目标和项目团队、企业的实际情况来选择最"合适"的软件以完成相应的 BIM 应用内容(应用点)。

当然,这里的"合适"是综合分析项目特点、主要业务目标、团队能力、已有软硬件情况、专业和参与方配合等各种因素以后得出来的结论。而且一个对企业或项目总体"合适"的软件组合,未必对每一位项目成员都最"合适"。因此,不同的专业使用不同的软件,同一个专业由于业务目标不同也可能会使用不同的软件,这都是 BIM 应用中软件选择的常态。目前全球同行和相关组织如 Building SMART International 正在努力改善整体 BIM 应用能力,其主要方向之所以定位为提高不同软件之间的信息互用水平,正是基于市场上不可能产生万能的"超级软件"和无敌的"完美软件"这样一个事实。

2.目前施工企业采用的 BIM 技术路线

综合了施工企业技术和商务两种类型部门的业务应用需要和目前市场上常用的 BIM 软件现状以后,目前施工企业最普遍采用的 BIM 技术路线具体如下。

第一,土建、安装等技术部门根据设计院提供的施工图,利用 Archi CAD、Bentley AECOsim、Magi CAD、Revit、Tekla 等软件建立项目 BIM 技术模型,利用技术模型辅助完成深化设计、施工工艺工序、进度、安全、质量等模拟分析优化工作。同时建模过程也是对施工图的复核检查过程,保证模型和图形的一致性。目前,BIM 技术模型的建立以及基于该技术模型进行各项施工技术方案研究、论证、模拟、优化的工作,主要使用的软件以国外软件为主。

第二,成本预算等商务部门根据图纸利用广联达、鲁班、斯维尔等软件建立项目 BIM 算量模型,并基于算量模型进行工程算量和成本预算等商务方面的工作,目前施工企业完成这部分工作所使用的软件主要以国内软件为主。

因此,如果能通过 BIM 技术模型直接生成算量模型,就可以使商务部门节省全部或部分算量模型的建模工作量,更重要的是提高了商务部门的反应速度,增加了商务成果的及时性、可靠性和准确性。对于从技术模型自动生成算量模型的工作,广联达、鲁班、斯维尔等国内算量软件厂商已经进行了相当一段时间的产品研制和项目实践,但离成熟应用还存在一定的差距。这不仅是产品问题,还存在产品的应用方法问题。相信产品和方法成熟以后,上述技术和管理两类部门只建一次模型的目标应该基本可以实现,这是目前看来业务上和技术上都比较可行的一条路线。

3.BIM应用技术路线

模型的目的是支持应用,即支持项目全寿命期内所有项目参与方的所有专业或岗位完成各自的工程任务,理论上一个建设项目的所有信息都可以在一个逻辑上唯一的模型里面进行创建、存储、管理和利用,但是目前市场上还没有能达到这个程度的产品可用。现阶段可行的路线是不同应用根据工程任务需要创建能够支持该工程任务的模型,在此过程中尽可能地重复利用已经存在的各种信息,从实物到电子介质,从图形到模型。如果站在不同模型之间信息互用的角度去分析,不管这些不同的模型为了满足不同应用的需要具备什么样的特殊要求,但是对目标项目,同一个对象对应部分信息的描述必须是相同的,否则就意味着该模型描述的不是目标项目。

不同模型的区别在于不同应用所需要用到的目标项目中的对象、对象细度和对象特性是不同的,例如,算量模型只要对象的长度、面积和体积准确就可以,至于对象的空间位置以及和其他对象的关系是否准确就不会太多受到关注;用于机电专业施工技术探讨的模型要求与其关联的土建对象的几何尺寸和空间位置准确,至于与其无关的土建对象以及有关土建对象的其他物理力学特性就不重要了。基于以上分析,在这些为不同应用而创建的模型中,究竟什么样的模型更好地具备和其他模型进行信息互用的特性呢?答案显而易见,那就是和实体目标项目比较,越真实的模型被其他模型利用的可能和程度就越高,从这个角度分析,技术模型相对目标项目的真实度显然要比算量模型要高。

(三)BIM技术路线选择的非技术因素

施工企业BIM应用技术路线的选择不仅要受技术因素的影响,还常受到专业岗位配合、项目特点、人员技能构成等企业内部因素以及业主要求、设计企业配合等企业外部因素的制约。

1.企业内部因素

1)企业内部专业或岗位配合

企业选择 BIM 应用技术路线需要综合评估企业内部所有专业和岗位的需求,也就是上述所说的,对企业最合适的技术路线,不一定对每个专业或岗位都最合适。

2)人员 BIM 能力构成

BIM 是人的工具,因此企业人员的 BIM 能力直接影响到企业 BIM 应用技术路线的选择,人员 BIM 能力的改变和提高都需要时间和资源投入。

3)典型项目类型

每一个 BIM 软件都有自己的适用范围和突出优缺点,企业选择 BIM 技术路线要考虑企业本身所面对的主要项目类型,以及不同项目类型的配比等因素。

4)BIM 软硬件性价比

不同软件需要的硬件不同,不同软件和硬件的性价比也不一样,这也是企业在选择技术路线时所必须考虑的。

2.企业外部因素

1)业主要求

对 BIM 没有了解的业主,施工企业可以根据自身的技术路线向业主提出建议,随着业主对 BIM 技术应用的深入了解,业主为了协调所有项目参与方的 BIM 应用,一定会对每个项目的 BIM 应用规定相应的技术路线。

2)与设计企业配合

施工企业的 BIM 应用技术路线与项目设计企业的技术路线匹配程度,决定了施工企业对设计 BIM 成果的应用可能和程度。

3)与项目其他施工企业配合

无论施工企业在一个项目中承担工程总承包、施工总承包还是专业分包,都有与上下环节其他施工企业配合的问题,情况和与设计企业配合类似。

4)政府部门要求

随着 BIM 技术的普及应用,政府部门有可能会在施工质量、安全监督管理以及项目文件验收归档等环节提出与 BIM 技术路线有关的要求。

BIM 的理论、技术、方法、软件工具都还在快速发展阶段,未来一定会对整个建筑业生产方式产生巨大影响,目前情况下,只要应用方法得当,BIM就可以产生明显的经济和社会效益。项目不同参与方或同一个参与方的不同专业岗位,使用不同厂商研发的软件完成各自的工程任务,是一个轻易无法改变的BIM应用技术路线选择现实。对于施工企业而言,在BIM应用业务目标已经确定的前提下,土建、安装等技术部门和成本、预算等商务部门,两类部门选择合适的技术路线完成BIM应用决定了施工企业BIM应用的投入产出结果甚至成败。施工企业在选择BIM应用技术路线时既需要考虑技术部门和商务部门不同业务需求对技术路线的影响,也需要考虑专业和岗位间协同以及业主需求等来自企业内部和外部的非技术因素。

二、建设单位牵头模式下的BIM应用创新

传统管理模式下的建设项目普遍存在产业结构分散、信息交流手段落后等情况,如工程项目规划、设计、施工等过程中,相关工程数据主要采用估算、手工报表、电子文档等方式,各参与方之间的信息交流存在信息传递工作量大、效率低下的情况;同时以二维图形表达的设计结果易造成信息歧义、失真和错误等情况,工程成本一般只能核算建设成本及维护成本,建设项目全生命周期成本得不到有效核算。本书以某互联网数据中心工程为背景,介绍了如何发挥建设单位的牵头作用,充分利用BIM的技术优势,做到设计、施工、运维等各阶段BIM应用创新,实现了建设项目全生命周期信息共享。

(一)工程概况及BIM应用点

本书所介绍项目为某互联网数据中心工程,位于甘肃兰州新区,总占地面积约8万平方米,一期总建筑面积约3.3万平方米。该项目设置有约900m室外综合管廊、约1 100m综合支吊架、约2 000平方米制冷机房、约5 000多个信息监测点、约300多台设备。该项目应用BIM技术提高了工作效率、避免了重复浪费、做到了一次成优,取得了较好的经济效益和管理效果。

(二)BIM技术相关应用效果

1.管线综合BIM应用

该项目室外综合管廊中设置了室外给水管、消火栓管、供水管、回水管等各种管线及相关强电、弱电桥架,在数据中心走廊区域设有综合支吊架系统,综合支吊架系统存在管线占用空间大、涉及管线多、管线尺寸差异大、管

线重量大等特点。BIM 团队对高差变化处、管线路由变化处、管线交汇处等主要节点进行深化设计,结合设计图纸及规范要求对管线进行合理布置,基于各专业模型优化各管线排布方案,对建筑物竖向设计空间进行检测分析,并给出最优的净空高度,对结构预留孔洞进行校核,生成结构预留孔洞图纸。指导施工单位开展三维技术,依据 BIM 模型开展精准定位、精准下料,并进行模拟施工。

通过利用 BIM 技术的可视化功能,对相关管线进行综合优化,实现三维交底和工序协调,做到了一次成优、避免返工。通过碰撞检查,共发现 2 700 余处碰撞点,通过提前发现问题,避免了约 80 万元的变更签证费用,缩短了工期,提高了管理效益和经济效益。

2.运维管理 BIM 应用

本项目针对监测数据多、设备数量多、安全要求高等特点,制定了 BIM 运维阶段应用策划,实现了资产可视化管理、设备设施运行监控、安全监测、能耗监控等。将相关资产运维管理信息纳入 BIM 模型,做到交付的运维模型相关几何信息和非几何信息与实际现状一致。运维模型来源于现场实际竣工模型,并经过现场复核确认,做到模型和现场实际情况一致,保证其可靠性。可视化运维管理界面,可以实现实时收集相关设备运行状况的相关信息,提供监测、报警、预警等功能,实现了建设项目全生命周期信息共享。

建筑业信息化技术的快速发展,尤其是物联网技术、BIM 技术的快速发展,使得建设项目全生命周期信息共享变得可能。本书以某互联网数据中心工程为背景,介绍了建设单位牵头模式下的 BIM 在建设项目全生命周期各阶段的创新应用,可以得到以下结论:(1)建设单位牵头制定 BIM 应用策划,有利于发挥各参建方的主观能动性,对 BIM 技术的推广、应用有较好的效果。(2)建设单位牵头模式下的 BIM 应用,有利于建设项目全生命周期信息共享,为运维阶段 BIM 应用提供支撑。(3)BIM 技术对运维阶段有设备设施运行监控、资产可视化管理需求的单位有积极的借鉴作用。(4)BIM 技术是对传统管理模式、工作方式方法的重大变革,有利于提升管理效益。

第三章 BIM在项目全生命期的应用模式

第一节 BIM技术项目全生命期的应用

建设工程全生命期管理的过程,就是信息管理过程,信息管理的效率与建筑品质息息相关。把BIM技术导入全生命期,将引发整个建筑工程建造模式的巨大变革,因为它意味着建筑工程整个生命周期从规划、设计、施工、运营维护,直到项目最终拆除为止,都可以透过BIM模型的几何与非几何信息的创建增加、更新、搜寻、选择、传输与交换等进行建筑产品信息的共享与再利用。借助这个富含建筑工程信息的BIM模型,建筑工程的信息集成化程度大大提高,从而为建筑工程项目的相关利益方提供了一个工程信息交换和共享的平台。结合更多的相关数字化技术,BIM模型中包含的工程信息还可以被用于模拟建筑物在真实世界中的状态和变化,使得建筑物在建成之前,相关利益方就能对整个工程项目的成败做出完整的分析和评估。BIM技术应用点应按策划与规划、方案设计、初步设计、施工图设计、施工、运营及拆除等过程分别确定。BIM技术应用点的选择应综合考虑不同应用点的普及程度、成本收益和工程特点等方面的因素。

一、规划阶段

(一)现状建模(概念模型构建)

在工程项目立项后,业主(或政府部门、投资者)应综合考虑土地、资金、空间需求及社会环境等许多客观因素建立项目三维概念模型,依据模型分析判断项目与周边城市空间、群体建筑各单体间的适宜性,以及建筑的体量大小、高度和形体关系,并运用软件进行初步的日照和通风模拟分析,形成最终成果。

BIM能够帮助项目团队在建筑规划阶段,通过对空间进行分析来理解复杂空间的标准和法规,从而节省时间,对团队更多增值活动提供可能。特别是在客户讨论需求、选择以及分析最佳方案时,能借助BIM及相关分析数据,做出关键性的决定。BIM在该阶段的应用成果还会帮助建筑师在建筑设计阶段随时查看初步设计是否符合业主的要求,是否满足建筑策划阶段得到的设计依据,通过BIM连贯的信息传递或追溯,大大减少以后详图设计阶段发现不合格内容而修改设计的巨大浪费。

(二)场地分析

场地分析应用点主要用于方案设计的规划阶段,场地的地貌、植被、气候条件都是影响设计决策的重要因素,往往需要通过场地分析来对景观规划、环境现状、施工配套及建成以后交通流量等各种影响因素进行评价及分析。传统的场地分析存在诸如定量分析不足、主观因素过重、无法处理大量数据信息等弊端,通过BIM结合地理信息系统(geographie information system,GIS),对场地及拟建的建筑物空间数据进行建模,通过BIM及GIS软件的强大功能,迅速得出令人信服的分析结果,帮助项目在规划阶段评估场地的使用条件和特点,从而做出新建项目最理想的场地规划、交通流线组织关系、建筑布局等关键决策。BIM主要作用是建立三维场地模型,运用各类分析软件,分析建筑场地的主要影响因素,并提供可视化的模拟分析数据,以作为评估设计方案选项的依据。[①]

二、设计阶段

(一)设计方案的比选

设计方案比选的主要目的是选出最佳的设计方案,为初步设计阶段提供对应的设计方案模型。项目投资方可以使用BIM来评估设计方案的布局、视野照明、安全、人体工程学、声学、纹理、色彩及规范的遵守情况。BIM甚至可以做到建筑局部的细节推敲,迅速分析设计和施工中可能需要应对的问题。基于BIM技术的方案设计是利用BIM软件,通过制作或局部调整方式,形成多个备选的建筑设计方案模型,进行比选,通过数据对比和模拟分析,找出不同解决方案的优缺点,帮助项目投资方迅速评估建筑投资方案的成本和时间,使建筑项目方案的沟通、讨论、决策在可视化的三维场景下进行,实现项目设计方案决策的直观和高效。

---

①李建成,王广斌.BIM应用.导论[M].上海:同济大学出版社,2014:18-20

（二）设计创作

设计创作主要为初步设计和施工图设计。

1.初步设计

初步设计阶段是介于方案设计阶段和施工图设计阶段之间的过程，是对方案设计进行细化的阶段。在本阶段，推敲完善建筑模型，并配合结构建模进行核查设计。应用BIM软件构建建筑模型，对平面、立面、剖面进行一致性检查，将修正后的模型进行剖切，生成平面、立面、剖面及节点大样图，形成初步设计阶段的建筑结构模型和初步设计二维图。在建筑项目初步设计过程中，沟通、讨论、决策可以围绕可视化的建筑模型开展。模型生成的统计明细表可以及时、动态地反映建筑项目的主要技术指标，包括建筑层数、建筑高度、总建筑面积、各类面积指数、住宅套数、房间数、停车位数等。

2.施工图设计

施工图设计是建筑项目设计的重要阶段，是项目设计和施工的桥梁。本阶段主要通过施工图图纸，表达建筑项目的设计意图和设计结果，并作为项目现场施工制作的依据。施工图设计阶段的BIM应用是各专业模型构建并进行优化设计的复杂过程。各专业信息模型包括建筑、结构、给排水、暖通、电气等专业。在此基础上，根据专业设计、施工等知识框架体系，进行冲突检测、三维管线综合、竖向净空优化等基本应用，完成对施工图设计的多次优化。针对某些会影响净高要求的重点部位，进行具体分析，优化机电系统空间走向排布和净空高度。

以上的设计过程是通过BIM软件实现的，设计BIM软件将所创建的3D模型和对应元件的性质属性、数量、成本和进度等信息，尽可能准确有效地联结在一起，使该建筑物模型成为具有深度应用价值且可供共享的信息模型。通过BIM软件可以为工程项目的所有利益相关者提供更具透明度与视觉化的设计，也有助于设计质量、成本、进度管理等方面的改善。

中来。BIM的实施，能将建筑各项物理信息分析从设计后期显著提前，有助于建筑师在方案，甚至概念设计阶段进行绿色建筑相关的决策。

三、施工阶段

（一）施工方案模拟

在技术、管理等方面定义施工过程附加信息并添加到施工作业模型中，构建施工过程演示模型。该演示模型应当表示工程实体和现场施工环境、施工机械的运行方式、施工方法和顺序、所需临时及永久设施安装的位置等。

通过 BIM 可以对项目的重点或难点部分进行可建性模拟，按月、日、时进行施工安装方案的分析优化。对于一些重要的施工环节或采用新施工工艺的关键部位、施工现场平面布置等施工指导措施进行模拟和分析，以提高计划的可行性；也可以利用 BIM 技术结合施工组织计划进行预演以提高复杂建筑体系的可造性（例如，施工模板、幕墙装配、锚固等）。借助 BIM 对施工组织的模拟，项目管理方能够非常直观地了解整个施工安装环节的时间节点和安装工序，并清晰把握在安装过程中的难点和要点，施工方案也可以进一步对原有安装方案进行优化和改善，以提高施工效率和施工方案的安全性。

（二）施工进度模拟

通过将 BIM 与施工进度计划相链接，将空间信息与时间信息整合在一个可视的 4D（3D+Time）模型中，可以直观、精确地反映整个建筑的施工过程。4D 施工模拟技术可以在项目建造过程中合理制定施工计划、精确掌握施工进度、优化使用施工资源以及科学地进行场地布置，对整个工程的施工进度、资源和质量进行统一管理和控制，以缩短工期、降低成本、提高质量。此外借助 4D 模型，施工企业在工程项目投标中将获得竞标优势，BIM 可以协助评标专家从 4D 模型中很快了解投标单位对投标项目主要施工的控制方法、施工安排、总体计划等，从而对投标单位的施工经验和实力做出有效评估。

（三）数字化加工制造

用 BIM 技术提高构件预制加工能力能够降低成本、提高工作效率、提升建筑质量。在此基础上推行的工厂化建造是未来绿色建造的重要手段之一。通过 BIM 模型与数字化建造系统的结合，建筑行业也可以采用类似的方法来实现建筑施工流程的自动化。建筑中的许多构件可以异地加工，然后运到建筑施工现场，装配到建筑中（例如，门窗、预制混凝土结构和钢结构等构件）。通过数字化建造，可以自动完成建筑物构件的预制，这些通过工厂精密机械技术制造出来的构件不仅降低了建造误差，并且大幅度提高了构件制造的生产率，使得整个建筑建造的工期缩短并且容易掌控。构件模型需与原施工作业模型格式保持一致,确保在后期可执行必要的数据转换、机械设计及归类标注等工作,将施工作业模型转换为预制加工设计图纸。

(四)施工现场协同

BIM不仅集成了建筑物的完整信息,同时还提供了一个三维的交流环境。与传统模式下项目各方人员在现场从图纸堆中找到有效信息后再进行交流相比,BIM模式的效率大大提高。BIM逐渐成为一个便于施工现场各方交流的沟通平台,可以让项目各方人员方便协调项目方案,论证项目的可造性,及时排除风险隐患,减少由此产生的变更,从而缩短施工时间,降低由于设计协调造成的成本增加,提高施工现场生产效率。

(五)设备与材料管理

BIM模型详细记录了建筑物及构件和设备的所有信息,通过RFID(无线射频识别即射频识别技术,Radio Frequency Identification,简称RFID)技术的物流管理信息系统,运用BIM技术达到按施工作业面配料的目的,实现施工过程中设备、材料的有效控制,提高工作效率,减少不必要的浪费。实施过程中,将楼层信息、构件信息、进度表、报表等设备与材料信息添加到施工作业模型中,使建筑信息模型建立可以实现设备与材料管理和施工进度协同,并可追溯大型设备及构件的物流与安装信息。可根据工程进度,在模型中实时输入工程设计变更信息、施工进度变更信息等,输出所需的设备与材料信息、已完工程消耗的设备与材料信息、下一阶段工程施工所需的设备与材料信息等。

(六)进度控制

基于BIM技术的进度控制是指通过方案进度计划和实际进度的比对,找出差异,分析原因,实现对项目进度的合理控制与优化。可将施工活动列出各进度计划的活动(WBS工作包)内容,根据施工方案确定各项施工流程及逻辑关系,将进度计划与三维建筑信息模型链接生成施工进度管理模型。利用施工进度管理模型进行可视化施工模拟,检查施工进度计划是否满足约束条件、是否达到最优状况。结合虚拟设计与施工(VDC),增强现实三维激光扫描(LS)、施工监视及可视化中心(CMVC)等技术,实现可视化项目管理,对项目进度进行更有效的跟踪和控制,对进度偏差进行调整以及更新目标计划,以达到多方平衡,实现进度管理的最终目的,并生成施工进度控制报告。

（七）质量与安全管理

通过现场施工情况与 BIM 模型的比对，能够提高质量检查的效率与准确性，有效控制危险源，进而实现项目质量、安全可控的目标。根据施工质量、安全方案，生成施工安全设施配置模型。用 BIM 可视化功能可以准确清晰地向施工人员展示及传递建筑设计意图。同时，可通过 4D 施工过程模拟，帮助施工人员理解、熟悉施工工艺和流程，并识别危险源，避免由于理解偏差造成施工质量与安全问题。通过现场图像、视频、音频等方式，把出现的质量、安全问题关联到建筑信息模型的相应构件与设备上，记录问题出现的部位或工序，分析原因，进而制定并采取解决措施。

（八）竣工模型交付

在建筑项目竣工验收时，将竣工验收信息及项目实际情况添加到施工作业模型中，以保证模型与工程实体数据一致，随后形成竣工模型，以满足交付及运营基本要求。BIM 能将建筑物空间信息和设备参数信息有机地整合起来，从而为业主获取完整的建筑物全局信息提供途径。通过 BIM 与施工过程记录信息的关联，甚至能够实现包括隐蔽工程资料在内的竣工信息集成，不仅为后续的设备与物业管理带来便利，并且可以在未来进行的翻新、改造、扩建过程中为业主及项目团队提供有效的历史信息。

四、运维阶段

（一）运营系统建设

运营系统建设是运营阶段应用 BIM 技术的基础，能够有效帮助运营单位和物业单位管理建筑设施、设备，提高建筑运营管理水平，降低运营成本，提高用户满意度。从竣工模型中导出或编辑形成运营模型，可针对运营需求对模型实施轻量化开发。以建筑项目运营需求为主，开发运营管理系统，可以整体开发现阶段的建筑设备自控（BA）系统、消防（FA）系统、安防（SA）系统等，集成开发基于 BIM 技术的运营系统。同时，建立运行管理需要的网络和硬件平台，进一步编制运营管理制度，建立基于 BIM 技术的建筑运营管理机制。

（二）设施运营维护计划

BIM 模型结合运营维护管理系统可以充分发挥空间定位和数据记录的优势，针对建筑物结构设施（如墙、楼板、屋顶等）和设备设施（如管道），合理制订维护计划,分配专人专项维护工作,以降低建筑物在使用过程中出现突发状况的概率。对一些重要设备还可以跟踪维护工作的历史记录,以便对设备的适用状态提前做出判断。

(三)资产管理

BIM中包含的大量建筑信息能够顺利导入资产管理系统,大大减少了系统初始化在数据准备方面的时间及人力投入。可将BA、FA、SA系统及其他智能化系统和建筑运营模型结合,形成基于BIM技术的建筑运行管理系统和运行管理方案,有利于实施建筑设备控制、消防、安全等信息化管理。利用运营模型数据,评估、改造和更新建筑资产的费用,建立和维护与模型相关联的资产数据库。

(四)空间管理

空间管理是业主为节省空间成本、有效利用空间、为最终用户提供良好工作生活环境而对建筑空间所做的管理。BIM不仅可以用于有效管理建筑设施及资产等资源,也可以帮助管理团队记录空间的使用情况,处理最终用户要求空间变更的请求,分析现有空间的使用情况,合理分配建筑物空间,确保空间资源的最大利用率。通常包括空间规划、空间分配、人流管理(人流密集场所)等。

(五)建筑系统分析

建筑系统分析是对照业主使用需求及设计规定来衡量建筑物性能的过程,包括机械系统如何操作和建筑物能耗分析、内外部气流模拟和照明分析、人流分析等涉及建筑物性能的评估。BIM结合专业的建筑物系统分析软件,避免了重复建立模型和采集系统参数。通过BIM可以验证建筑物是否按照特定的设计规定和可持续标准建造,通过这些模拟分析,最终确定或修改系统参数甚至系统改造计划,以提高整个建筑的性能。

(六)灾害应急模拟

利用BIM及相应灾害分析模拟软件,可以在灾害发生前,模拟灾害发生的过程,分析灾害发生的原因,制定避免灾害发生的措施,以及发生灾害后人员疏散、救援支持的应急预案。当灾害发生后,BIM模型可以提供救援人员紧急状况点的完整信息,这将有效采取突发状况应对措施。此外楼宇自动化系统能及时获取建筑物及设备的状态信息,通过BIM和楼宇自动化系统的结合,使得 BIM 模型能清晰地呈现出建筑物内部紧急状况的位置,救援人员可规划到达紧急状况点的最佳路线,做出正确的现场处置,提高应急行动的成效。

需要说明的是,BIM 强调以建筑物 3D 几何模型及其组合组件所结合的生命周期过程信息为运作主轴,这些庞大复杂的信息越能集中、统一地进行横向跨专业整合、纵向跨阶段传递,在所形成的一个有系统、层次、效能的信息管理环境中顺畅运作,所有上述的 BIM 技术使用项目就越能发挥效率。而且,所有此建筑物的利益相关者都能够根据自己的职责建立与维护信息,在有效管理下各取所需,分享信息,让整个建筑物的几何与非几何信息模型宛如虚拟空间的生命有机体,尽可能和实体世界的建筑物同步成长与运作,让 BIM 的信息服务在建筑物的生命周期中无所不在。

第二节 BIM 技术对参与方的应用效益

一、BIM 对参与方的应用效益

(一)业主应用 BIM 成因

业主在建筑工程中扮演了教育和领导的重要角色,他们是 AEC 行业产品的购买者和运营者,他们是建设工程中 BIM 应用最大的受益者。

精益化和数字化建模促进了制造业和航空航天业的变革,而 AEC 行业正在面临相似的革命,既需要流程更改,还需要一个从二维文本及阶段性交付过程到数字化模型及协作流程的范式变革。BIM 的基础是一个或多个信息的丰富建筑模型,该模型具有虚拟建模、分析和虚拟工程施工的能力。这些 BIM 工具极大地改进了如今 CAD 的能力,其改进包括将设计信息与商业过程相连,例如,预算、销售预测和运营。这些 BIM 工具强调在工程交付过程中的协作,而不是分割工作。这些合作建立了信任和服务于业主的共同目标,而不是竞争关系。在竞争关系下每一团队努力最大化各自利益。相比之下,传统绘图的流程必须基于独自的建筑设计信息来完成,经常需要复制这些单调且易于产生错误的数据。结果是在不同阶段之间,信息价值丢失,且产生更多错误和遗漏数据的可能性机会更大,因而为了产生准确工程信息,增加了工作量。因此,这种过程因为缺乏与设计信息的同步性而导致错误。在基于BIM的流程中,业主通过改善的整合设计过程使投资得到更大回报,这个整合过程增加了不同阶段中工程信息的价值并使工程团队的效率更高。同时,业主可在工程质量、成本和将来的设施运营中获得利益。

譬如,工程采购的新型综合交付(IPD)方法的目的是达到所有工程团队成员之间的紧密协作。BIM已经被证明是实现IPD团队的关键技术。业主是发起和维持IPD工程的核心和关键角色,可以选择适当的IPD合同模式。

(二)成本依赖性与管理

业主意识到通过使用BIM技术和相关工具,可以交付更高品质和更好性能的建筑产品。BIM通过促进工程参与者之间的协作,来减少错误和技术变更,从而缩短工期和降低成本使工程交付过程更加有效和可靠,BIM有助于业主加强成本依赖性的管理。

业主通常遇到超成本或意外成本的情况,迫使他们要么"调整价值"、突破预算,要么取消项目。业主调查显示,有三分之二的施工客户都会遇到超成本问题。要缓解超成本和不可靠估算的风险,业主和服务供应商就会估算附加意外性或者"处理施工中不确定情况的预算储备"。[①]

成本估算的依赖性会受到很多因素的影响,包括随时间变化的市场条件、估算与实施之间的时间、设计变更以及质量问题。建筑信息模型准确而可计算的特征为业主提供了更可靠的数量汇总和估算,以及对设计变更更快的成本反馈。这一点是非常重要的,因为对成本影响最大的阶段是概念和可行性研究的早期阶段。有研究者指出,时间少、记录差、项目参与者之间有沟通障碍(特别是业主和造价工程师)都是估算不准确的重要原因。

目前,BIM的应用通常局限于方案设计和工程设计的后期或施工阶段的初期。设计过程的初期,使用BIM会对成本有更大的影响,所以,提高整体成本的可靠性是应用BIM成本估算的一个关键原因。

不过,业主必须认识到,基于BIM的汇总和估算只是整个估算流程中的第一步,它并没有全面解决遗漏的问题。此外,BIM所提供的更准确的构件元素也没有考虑具体的场地条件或者设施的复杂性,而这取决于造价工程师量化的技术水平。因此,基于BIM的成本估算能够在策略上帮助有经验

---

①叶雯,路浩东.建筑信息模型(BIM)概论[M].重庆:重庆大学出版社,2017:25-26.

的造价工程师,但无法取而代之。

(三)业主应用 BIM 领域

现在有许多 BIM 可发挥作用的潜在领域,业主可用 BIM 技术进行以下应用:①通过基于 BIM 的能耗及照明设计和分析,来提高建筑的性能,从而改善整栋建筑的性能。②通过使用 BIM 模型,获取更早及更可靠的成本预算,并提高工程团队的协作,从而减少工程相关的财务风险。③使用 BIM 模型实现设计协同和预制设计,减少工时,从而加快工程进度。④从 BIM 模型自动提取工程量,并在决策前获得反馈信息,从而实现更可靠和准确的成本预算。⑤利用 BIM 模型,持续地分析业主需求和当地的规范,确保项目符合规范。⑥将竣工的建筑和设备的相关信息输出到设施管理系统,实现最优的设施管理和维护,该系统可在全生命周期使用。

几乎在所有类型的工程中,各类业主都能获得 BIM 应用的利益,但是,业主必须要意识到这些利益与 BIM 相关,而 BIM 应用不仅仅是 BIM 技术本身,而应通过 BIM 相关的工具和流程才能实现。业主应清楚,为获得这些利益,在选择承包商和工程方案过程中会发生很多变革。如今,相关部门及业主们正在重写合同语言、规格和工程需求,从而将尽量多的基于 BIM 的流程和技术融入他们的工程中,通过交付更高价值的设施来减少运营项目的成本。

二、业主与其他参与方 BIM 应用效益

已有的研究和实践经验表明,在建筑信息模型施工前各阶段的应用过程中,业主、设计方、承包商、政府、材料供应商等都是受益者,其中业主方和设计方在产品、过程及组织三个方面都是收益项和受益频数最多的参与方,受益程度要高于其他参与方。BIM 在建设项目各阶段应用对各参与方产生的效益如表 3-1 所示。

表 3-1　BIM 效益

建设项目阶段	受益方	BIM 效益
概念规则	业主方	概念、可行性设计效益 提高建筑物性能和质量 使用综合集成交付 IPD 以提高协同

建设项目阶段	受益方	BIM效益
设计	设计方	更早、更准确的设计可视化表达 设计变化时自动更新 在设计任何阶段导出准确的、一致的二维图纸 更早的多学科设计协同 检查是否与设计意图一致 在设计阶段提取信息用于概预算 提高能源效率和可持续性
施工	施工方	设计模型用作生产构件的基础 对设计变更做出快速反应 在施工前发现设计错误和疏漏 设计与施工规划同步 更好地实现精益建造技术 采购与设计施工相同步
运维	设施管理方	改善设施信息试运营和移交 更好地管理与使用设施 与设施运维管理系统集成

设计方和业主是项目前期应用BIM的最大受益者,但他们的受益面却存在差异。具体说来,在产品方面,设计方的受益主要体现在设计生产环境的改善和设计效率的提高,而业主的受益则表现在得到了更加可靠的设计产品;在组织方面,设计方的受益主要体现在BIM的可视化功能提高了业主和其他参与方对设计过程的参与程度,减少了后期设计变更的概率,而业主则是通过更多地参与设计过程提高了对方案设计的把控能力;在过程方面,设计方的受益主要体现在模型的自动化功能和冲突检查功能大大提高了设计分析、设计出图和设计检查的速度,而业主方的受益主要体现在缩短了工程建设的工期,在更短的时间内得到了更高质量的设计。由此可见,设计方从BIM应用中的受益更为直接,主要体现在BIM为设计方带来的劳动生产效率和竞争水平的提高,而业主方则主要体现在获得了更好的交付内容。业主方的受益和设计方的受益具有内在的一致性,BIM在提高设计质量、改善设计环境、提高设计速度的同时也会降低设施的建设成本、提高设施的建设速度和质量、提高业主满意度。

此外,调查统计研究的结果还显示,尽管业主和设计方是BIM应用的主要受益方,但他们并不是唯一的受益方,其他项目参与方也会从中受益,建立BIM模型的目的就是为项目提供互相协调、内部一致、可运算的信息。这一目的决定了在设计阶段所建立的数字化信息模型的服务范围也包括了下游的承包商、材料供应商及设施管理人员。对承包商来说,他可以利用设计方交付的BIM模型更好地进行施工计划,更加准确地进行工程造价的计算,而且BIM对设计质量的提高也会减少施工阶段的设计变更;对材料供应商来说,尤其是预制构件的生产商,可以更好地利用数控设备进行生产,并进行虚拟安装,提高预制构件的生产和安装水平;设施管理方在项目竣工的时候得到的项目信息将会远大于竣工图所包含的内容,便于今后对设施的管理;而政府审批部门利用BIM模型可以更好、更快地理解设计意图,提高设计审批的效率。可以说,BIM的应用会对建筑业主要参与方都产生积极的影响。

第三节 BIM技术能力评估

"无法评测,则无法管理。"(If you can't measure it, you can't manage it.)这句话在各行业都已经得到验证。科学的进步是随着各类评估度量活动而发展的,而评估工具至关重要。管理科学研究发现,那些优秀的管理实践之所以能够取得更高的生产率、利润率和销售增长率,与它们的管理者采用创新工具对管理过程进行追踪与监督是息息相关的。建筑行业已经拥有诸如绿色建筑LEED评估等成熟系统的评价工具,然而目前专门针对企业和工程项目的BIM应用进行全面评测的方法仍然存在较大争议。企业BIM技术应用能力管理评测工具的欠缺,导致各企业对自身BIM应用现状各方面优劣的认识不足,无法做出客观的评定与比较,更无法通过有针对性的管理措施进行调整与改变,无法进一步提升和发展自身的BIM应用能力。而对于客户而言,这一评测工具的缺乏使得其无法客观评定各合作方的能力与水平,在进行招投标选择与协同管理的过程中缺乏客观科学的参考依据。一个合理有效的BIM技术应用能力评测工具对于加强各建筑企业BIM技术应用能力建设、促进行业BIM技术的可持续性应用与发展具有重要意义。

一、BIM技术能力的概念

根据BIM内涵的分析,BIM是引领建筑行业变革与发展的一项创新性信息化技术,具有信息技术的基本特征。但目前国际上并没有对BIM技术能力做出统一的定义,当提到"BIM能力"相关的理念时,学者们通常采用"BIM capability""M maturity"及"BIM competency"来进行表述。其中,BIM性能(BIM capability)强调对于BIM持续实施过程中各里程碑需求的满足,即组织通过BIM理念与技术的实施,实现其各阶段目标的能力[①]。BIM成熟度(BIM maturity)侧重对BIM目标实现过程的质量、可复制性以及完成效果进行衡量,代表在完成任务或提供BIM服务及产品时的能力程度,其基准是绩效进步的里程碑,也是团队和组织向往及努力的方向。BIM竞争力则是对于组织BIM实施与评测能力的综合反映,代表组织在BIM实施过程中持续改善与进步的能力。

考虑BIM技术的信息化特质,借鉴上述信息技术能力的内涵,同时综合国际上对于"BIM能力"的表述,将BIM技术应用能力的含义界定为:"组织在BIM理念的指导下,采用BIM技术与组织业务和所参与的建设项目相结合的能力",[②]即组织以信息创造和信息共享为核心,围绕信息传递和信息协同,采用BIM技术进行管理与运营等综合能力的集中反映和体现。

二、BIM应用能力评测模型

BIM应用能力评估可以帮助衡量组织或项目中BIM应用的效果,同时还有助于相关决策的制定。虽然目前BIM技术的推广与应用发展十分迅速,但与建筑行业已经拥有相对成熟评测模式的领域,如绿色建筑评估、建设安全评价等相比,评价与促进BIM实施效果的评估方法的发展仍是严重滞后的,不过已经有部分国外的专家与学者在该领域进行了理论与实践研究的尝试,建立并应用了一些相关的模型方法。[③]

(一)VDC(BIM)Scorecard

虚拟设计与施工(virtual design and construction,以下简称VDC)是由美国斯坦福大学集成设施工程中心(Center for Integrated Facility Engineering,以下简称CIFE)于2009年在BIM的基础上提出的概念。根据CIFE的定义,

---

①刘霖,郭清燕,王萍.BIM技术概论[M].天津:天津科学技术出版社,2018:68-72.
②人力资源和社会保障部职业技能鉴定中心,工业和信息化部电子行业职业技能鉴定指导中心,北京绿色建筑产业联盟BIM技术研究与推广应用委员会,等;BIM工程师专业技能培训教材 BIM应用案例分析[M].北京:中国建筑工业出版社,2016:17-25.
③李建成.数字化建筑设计概论[M].北京:中国建筑工业出版社,2012:49-50.

VDC是一个建设工程项目中多学科性能模型的应用,包括其为了实现项目的整体商业目标而包含的产品、组织与流程三个方面(即CIFE提出的POP模型)。VDC除了强调BIM模型的产品与技术导向外,更关注组织流程等与项目目标息息相关的社会学问题。因此,VDC的理念与国际上对BIM的主流认知以及本书中对于BIM的界定特征是一致的。

1.模型结构

VDC记分卡(VDC Scorecard,或称为BIM Scorecard)同样由CIFE于2009年提出,这是一个可以对工程项目的BIM应用实际情况进行评价与追踪的循证评价方法,通过对各工程项目进行标准化计分,客观全面反映其BIM实施状况,同时对行业BIM实践做出标杆评价管理。VDC Scorecard通过4类计分指标对一个项目的BIM应用进行考量,分别为:规划、应用、技术与绩效;这4类计分指标包含10个评估维度,每个维度下包含数个评估措施,共计有56个计分措施组成整个VDC Scorecard的评估框架,如表3-2所示。这56个措施中包含定量与定性两类评价方法,其中,定量评估针对可以通过具体数字或具有特定计算方式的措施,而定性评价通常更具主观性判断。

在应用过程中,CIFE团队对最初的评估模型进行不断完善与改进,将通过专家观点所得到的初始模型与来自实际工程项目数据进行对比分析,从而不断对原始模型进行校准,到目前为止,已经进行过8个版本的更新。

表3-2 VDC Scorecard评估框架结构

指数	维度	措施
规划	目标	管理目标、利益分配等,5项
规划	标准	导则、里程碑设置等,3项
规划	准备	项目管理方式、预算等,5项
应用	组织	利益相关者参与、利益相关者态度、利益相关者行为、利益相关者数量等,12项
应用	流程	技术阶段、流程创新、PD交付方式、集成会议等,6项
技术	成熟性	深度与广度,1项
技术	覆盖面	模型精度、模型使用生命周期,2项
技术	集成度	沟通、互操作性等,10项
绩效	定量	跟踪情况、与计划的符合度等,8项
绩效	定性	使用者态度、测量方式等,4项

2.评分体系

CIFE团队结合以往的工程案例经验、行业观察以及相关的理论研究,为评估框架中的各指标、维度、措施制定了相应的百分比权重,并以此得出对应的维度得分、指标得分与总分,并将总分按照百分比划分为5个BIM实践等级,分别为传统实践(0～25%)、典型实践(26%～50%)、先进实践(51%～75%)、最佳实践(76%～90%)与创新实践(91%～100%)。

3.置信等级

CIFE团队在前期使用VDC Scorecard对试点工程项目的BIM应用进行初步评估时发现评估过程中存在着很多不确定性,因此在该模型中引入"置信等级",通过综合评估过程中各项信息的获取可靠性,来对各项目BIM应用评分的确定性进行判断,如信息来源、评估表的完成度以及评估的频率等,并根据各置信要素的得分与权重得到某项目进行VDC Scorecard过程与结果的最终置信总评分,如图3-1所示。

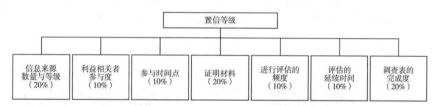

图3-1　VDC Scorecard置信等级判断架构

（二）BIM QuickScan

"BIM快捷扫描"(BIM QuickScan)是一种对建筑企业的BIM应用情况进行全面评测的模型与方法,由荷兰国家应用科学研究院(Netherlands Organization for Applied ScientifieResearch,以下简称TNO)于2009提出。BIM QuickScan是荷兰的一项标准化的BIM标杆管理评估工具,旨在对企业BIM应用的各优劣方面进行深层剖析。BIM QuickScan的执行过程较为快速,需要在限定的时间内完成,同时,为了保证评估的质量,该方法对每天被评估对象的数量进行了限制。

1.模型结构

BIM QuickScan通过四个类别的指标对一个企业BIM应用的"软能力"与"硬能力"进行全面评测,分别为组织与管理、意识与文化、信息结构与信息流、工具与应用。每一个类别的评估都通过一定数量的 KPI（关键绩效指标）指标来予以衡量，指标根据需要包含定性与定量两种测量方式，而每一个指标通过对应设计的多项选择调查表进行描述。每一次 BIM Quick Scan 评估所采用的调查表中问题的总数将限定在 50 个，这样既能保证每一个评估类别的深入性，同时还可以合理控制整个评估的速度。

2.评估过程

BIM QuickScan 的评估方式是对于直接定量打分与专家观点的独特结合。对于每一项指标所对应的调查表问题，都罗列了一系列可能的答案，而每一个答案都有一个分数与之匹配。同时每一个指标都被赋予了相应的权重值。综合各指标的得分与权重加和所得到的总分代表了一个企业 BIM 应用情况的好坏。

3.结果输出

在完成调查表中的所有问题之后，被评估企业将会得到一个总分，特定的分数代表着 BIM 应用情况对应的水平。出于标杆管理的目的，这一分数是具有一贯性的，即如果两个企业通过 BIM QuickScan 得到了相同的评分，则可以认为他们在 BIM 应用方面的能力与水平是相当的。

（三）BIM CMM

2007 年，美国建筑科学协会（NIBS）在《美国国家 BIM 标准》（national building information modeling standard，NBIMS）中提出采用 BIM 能力成熟度模型（BIM CMM）来度量 BIM 技术在建设项目中应用的成熟度水平。BIM CMM 模型参考传统的 CMM 模型进行改进，将 BIM 视为一种软件技术应用于项目，采用 11 个指标进行分别评级。

在 11 个指标要素的基础上，BIM CMM 将每个指标划分成 10 个不同水平的能力成熟度等级，其中 1 级表示最不成熟，10 级表示最成熟。BIM CMM 的评分可以分为静态和互动两种类型，两者都是根据对不同级别的描述进行打分来确定的。

BIM CMM 将项目中 BIM 应用的成熟度水平分为了六个层级。分别为不被认可的 BIM 应用、最低级 BIM 应用、BIM 认证、白银级 BIM 应用、黄金级 BIM 应用和铂金级 BIM 应用。每一个成熟度水平由一定范围的分数所决定。根据 NBIMS2009 年的最新规定，总得分达到 40 分才算达到最低级 BIM 应用的标准，达到 50 分才能通过 BIM 认证，而达到 70 分则认定为白银级 BIM 应用，达到80分为黄金级BIM应用,达到90分以上则为最高级的铂金级BIM应用。

(四)BIM Proficiency Matrix

BIM精通性矩阵(BIM proficiency matrix)是由美国印第安纳大学(Indiana University)于2009年提出的,主要用于对被评价对象在BIM环境中各项工作技能的精通程度进行衡量,同时对BIM在整个行业市场中的应用程度进行测度。该矩阵适用于项目层面的BIM应用评价,并可对业主基于BIM的目标满足程度进行评估。BIM精通性矩阵的操作主要是通过一个静态的、集合多工作表的Excel工作簿来进行,从8个指标入手进行判定,每个指标的精通性进一步分为4个等级,根据被评价项目与对应的描述符合程度分别赋予1至4分的分值,1分为在该指标领域最不精通,4分为最精通,加和8个指标得分所得的总分即为最终的BIM精通分值,满分为32分。该方法同时定义了一个五层标准的"BIM精通级别"对项目所对应的BIM精通性进行描述,分别为最低级、认证级、白银级、黄金级与理想级。各级别的划分根据项目的最终矩阵得分进行对应,其中,0~12分对应最低级,13~18分对应认证级,19~24分对应白银级,25~28分对应黄金级,29~32分对应理想级,理想级是该评估模型定义的最高级别,反映了在该项目中对于各项BIM技能的应用已经非常精通,该项目中的BIM应用达到了较高的成熟度水平。

(五)BIM Performance Metrics

澳大利亚纽卡斯尔大学(University of Newcastle)的研究员Bilal Succar等人于2008年提出了一个通过五项指标对组织与项目中BIM应用效能进行评估与改善的度量模型,即BIM Performance Metrics。这五项指标分别为,BIM性能阶段、BIM成熟度水平、BIM竞争力集合、组织规模和粒度级别,它们通过一个依次逐步的工作流程(step-by-step worklow)来对BIM应用的情况进行评估。

1.BIM性能阶段(BIM capability stages)

BIM性能阶段代表BIM技术在持续实施应用过程中的转型里程碑,BIM性能阶段主要分为三个阶段:BIM阶段一,基于对象模型化;BIM阶段二,基于模型协同化;BIM阶段三,基于网络集成化。

2.BIM成熟度水平(BIM Maturity Levels)

BIM成熟度水平是对于在BIM目标实现过程的质量、可复制性以及完成效果进行衡量,代表了项目或组织在完成任务或提供BIM服务及产品时的能力程度。参考现有的不同成熟度模型的级别定义,为BIM应用的成熟度水平设定了五个成熟度级别:初始级(Ad-hoc),可定义级(Defined)、管理级(Managed)、集成级(Integrated)和优化级(Optimized)。

3.BIM竞争力集合(BIM Competency Sets)

BIM技术竞争力代表组织在BIM实施过程中的持续改善和进步,是组织BIM需求调整与交付成果优化的直接反映,主要从技术、过程、政策三方面表现BIM的能力集合。

技术集包括软件、硬件和网络等方面,例如,BIM工具使从以草图为基础转移到以对象为基础的工作流程成为可能。

过程集包括领导管理、基础设施、人力资源和产品或服务方面,例如,协作流程和数据库共享技能能够促成以模型为基础的协同合作。

政策集包括合同、法规和研究或教育等方面,例如,以联盟为基础或基于风险分担的合同协议是以网络为基础集成的先决条件。

4.BIM组织规模(BIM organizational scales)

组织规模代表各市场、专业和公司规模的多样性,分为宏观、中观和微观三部分,是制定BIM应用评价深度的基础依据。

5.粒度级别(BIM granularity levels)

BIM应用评估的力度级别控制了评估模型的设计深度,也反映了评估结果的精确度与适用性。粒度级别不仅包含非正式的自我评估,还包括通过正式的评审组织进行的有针对性和灵活性的深层绩效分析。粒度级别共分为四类:开发级、评估级、认证级和审计级,从低到高的递进代表评估广度的增加、得分的增加、形式的增多、评估专业化水平的提高。

三、典型BIM应用能力评测模型的对比分析

综合对以上五种国际上较为认可的与BIM应用能力相关的评测模型的介绍与分析,发现这五种典型模型的评估框架与方法各有其独特性,各具优劣,但彼此又具有一定的相关性。其中,VDC Scorecard与BIM QuickScan的模型设计思路与评估框架较为类似,指标对技术、组织管理等方面的考虑和覆盖比较全面,并且都涉及了定量与定性两种方式,两者最主要的不同在于VDC Scorecard是针对项目进行的评估方法,而BIM QuickScan是针对企业BIM应用的评测方案。BIM CMM与BIM Proficieney Matrix的模型设计也比

较相似,都是基于 CMM 成熟度基础模型演化而来,框架简洁直观、易于使用,但基于成熟度模型的思路最大的问题在于其指标的片面性,都过于关注 BIM 应用的技术层面,而忽视了对组织管理层面的考虑。此外,BIM Performance Metrics 是比较具有创新性的评测方案,评估思路清晰但较为烦琐,灵活性强但可能因覆盖面过广而使得细节欠缺。

第四章 BIM在老旧小区节能改造策划阶段的应用

第一节 老旧小区节能改造策划阶段概述

项目前期策划是指在项目前期,通过收集资料和调查研究,在充分获得信息的基础上,针对项目的决策和实施,进行组织、管理、经济和技术等方面的科学分析和论证,以保障项目业主方工作有正确的方向和明确的目的,也能促使项目设计工作有明确的方向并充分体现项目业主的意图。通过项目前期策划,可以帮助项目业主进行科学决策,并使项目按最有利于经济效益和社会效益发挥的方向实施,主要反映在项目使用功能和质量的提高、实施成本和经营成本的降低、社会效益和经济效益的增长、实施周期缩短、实施过程的组织和协调强化以及人们生活和工作的环境保护、环境美化等诸多方面。

项目的前期策划是项目的孕育阶段,对项目的整个生命期,甚至对整个上层系统有决定性的影响,所以项目管理者,特别是项目的决策者对这个阶段的工作都非常重视。根据策划目的、阶段和内容的不同,项目前期策划分为项目决策策划和项目实施策划。项目决策策划和项目实施策划工作的首要任务都是项目的环境调查与分析。

一、环境调查与分析

项目环境调查与分析是项目前期策划的基础,以建设工程项目环境调查为例,其任务既包括宏观经济与政策环境调查与分析、微观经济与政策环境调查与分析、项目市场环境调查与分析以及项目所在地的建设环境、自然环境的调查与分析等。[①]

---

①史晓燕,王鹏. 建筑节能技术[M]. 北京:北京理工大学出版社,2020:22-26.

（一）宏观经济与政策环境调查与分析

宏观经济与政策环境指的是国家层面的宏观经济与项目相关的行业经济发展现状与未来趋势的情况，以及国家为发展国民经济、促进行业发展所制定的有关法律、法规、规章等。通过对宏观经济与政策环境的调查和分析，确定拟建项目是否符合国家产业政策方向，以及在可预见的未来，国民经济和行业经济的发展是否为项目的实施带来利好。

（二）微观经济与政策环境调查与分析

微观经济与政策环境调查与分析是指对项目所在地的国民经济发展以及项目所在行业经济发展现状与未来趋势情况，以及当地政府为发展地方经济和行业经济所制定的管理办法和规定等进行的分析。项目所在地的国民经济以及行业的发展状况，直接关系到项目是否能够产生赢利，因此，对微观经济与政策环境的调查与分析工作显得尤为重要。

（三）项目市场环境调查与分析

项目市场环境调查与分析是指对项目所在地客户需求、市场供应状况的调查，以及对项目的优劣进行分析，确定项目的客户定位、产品定位、形象定位，并提炼出项目的卖点，使项目在实施过程中保持自身的竞争性，以赢得市场的青睐。项目市场环境调查与分析的充分与否直接关系到项目的成败，是项目前期策划的核心。

（四）建设环境、自然环境的调查与分析

建设环境、自然环境指的是项目实施地周边的城市环境、建设条件以及自然地理风貌。拟建的项目应与项目周边环境相适应，尽量保持项目实施地的自然地理风貌，避免大拆大建，破坏原有的城市及自然环境。通过对项目实施地建设环境、自然环境的调查与分析，为后来的项目规划和方案的设计提供依据。建设环境与自然环境的调查与分析做得充分，可以使项目更好地利用原有的城市环境和地理风貌，一方面可以适应环境的要求，另一方面可为项目节约大笔投资。

项目的环境调查与分析是一个由宏观到微观、由浅入深地具有层次性的分析过程。环境调查和分析的结果将直接关系到后续项目决策，是项目策划非常重要的环节。

二、项目决策策划

项目决策策划最主要的任务是定义开发项目的类型及其经济效益和社会效益,其具体包括项目主要功能、建设规模和建设标准的明确,项目总投资和投资收益的估算,项目总进度规划的制订以及项目对周边环境影响和对社会发展的贡献等内容。

根据具体项目的不同情况,决策策划的形式可能有所不同,有的形成一份完整的策划文件,有的可能形成一系列策划文件。一般而言,项目决策策划工作具体内容如下。

(一)项目产业策划

项目产业策划是指根据项目环境的分析,结合项目投资方的项目意图,对项目拟承载产业的方向、产业发展目标、产业功能和标准的确定和论证。通过对宏观、微观经济发展及产业政策的研究和分析,得出政府层面对拟建项目的产业发展的政策导向,结合拟建项目当地的社会与经济发展状况及未来趋势、市场竞争状态的分析,制订拟建项目的发展目标和主要的产品功能和建设标准。这是一个确定拟建项目建设总目标的过程。

(二)项目功能策划

项目功能策划的主要内容包括项目宗旨和指导思想的明确,项目建设规模、空间组成、主要功能和适用标准的确定等。在项目建设总目标的指导下,要对拟建项目的具体功能进行划分,包括主要建筑体量、主要功能空间的布局、各个功能空间的建设规模、各功能空间之间的交通流向、各功能空间建设的适用标准以及建筑风格、外观等。

(三)项目经济策划

项目经济策划包括分析建设成本和效益,制订融资方案和资金需求量计划等。针对项目功能策划的成果,对项目的建设成本进行分析,得出项目建设总投资规模,根据业主单位的自有资金能力,制订出项目建设的融资方案,包括融资渠道、融资金额、融资成本分析等。计算分析项目的盈利能力、偿债能力、抵抗风险能力等。

(四)项目技术策划

项目技术策划包括技术方案分析和论证、关键技术分析和论证、技术标准和规范的应用和制订等。采取不同的技术方案,会对项目的建设成本产生较大的影响,一般情况下,业主往往会采用相对成熟的技术方案和技术标准,这样可以降低项目建设的技术风险,但有时也会使项目变得平庸。现在很多项目都在各个环节不断创新,大胆使用各种新技术、新工艺、新材料,这就要求在项目技术策划阶段针对不同的技术方案进行详细的论证和评价,在项目实施之前解决所有技术环节问题,使项目能够顺利推进。

项目决策策划的各项工作内容是紧密联系、互为依托的,要做好项目决策策划,必须将上述四个环节的工作做扎实,为决策者提供决策依据。

三、项目实施策划

项目实施策划最重要的任务是定义如何组织项目的实施。由于策划所处的时期不同,项目实施策划任务的重点和工作重心以及策划的深入程度与项目决策阶段的策划任务有所不同。一般而言,项目实施策划工作的具体内容如下。

(一)项目组织结构策划

项目组织结构策划包括项目的组织结构分析、任务分工以及管理职能分工、实施阶段的工作流程和项目的编码体系分析等。要使项目得以顺利实施,必须要有强有力的组织保证和制度安排,项目组织策划工作的重点是对项目组织内部的职能设置、项目经理人选、核心组织成员的构成、技术要求、工作业务流程定义、项目工作编码原则等的设计以及项目内部人员岗位制度、考核机制、激励策略等的安排。

(二)项目合同结构策划

项目合同结构策划指的是构建项目合同管理体系,哪些工作需以合同方式委托外部资源完成,哪些工作可以由内部项目管理组织完成,并且确定对外招投标的工作安排,确定项目合同结构以及各种合同类型和范本。

(三)项目信息流程策划

项目信息流程策划包括明确项目信息的分类与编码、项目信息流程图,制订项目信息流程制度和会议制度等。项目信息分类与编码应与项目组织所在的组织内部信息管理系统的要求相一致、相兼容。项目组织的上一级组织拥有ERP系统、项目管理系统,那么拟建项目未来所产生的各类信息必须能够便捷地转入上级组织的信息系统中,为此,必须按照上级组织的企业信息管理标准来规划项目信息编码以及信息流程。

(四)项目实施技术策划

针对实施阶段的技术方案和关键技术进行深入分析和论证,明确技术标准和规范的应用与制订。针对重大技术攻关项目,可以组织外部的科研机构参与项目技术深化和论证。在技术标准的设定上按照有国家标准采用国家标准,没有国家标准采用行业标准,没有行业标准可以采用企业标准,或者借鉴国外的标准的原则来进行策划。

项目前期策划是项目管理的一个重要的组成部分。国内外许多项目的成败经验与教训证明,项目前期的策划是项目成功的前提。在项目前期进行系统策划,就是要提前为项目实施打下良好的工作基础,创造完善的条件,使项目实施在定位上完整清晰,在技术上趋于合理,在资金和经济方面周密安排,在组织管理方面灵活计划并有一定的弹性,从而保证项目实施具有充分的可行性,能适应现代化的项目管理的要求。

传统的项目策划,一般采用分析和论证、科学实验、模型仿真、理论推导等手段来实施项目前期策划。项目决策者并非都是专业人士,对于策划方案中所采取的这些手段和方法,决策者很难完全理解和接受,这对其进行决策造成一定的困扰。

随着信息技术的不断发展,特别是计算机软硬件技术的快速提高,使得BIM技术在传统的建设工程领域逐步得到推广,尤其BIM技术的可视化及直观化为决策者的决策发挥了很大的辅助作用,大大提高了决策者决策的效率和准确性。但并不是说BIM技术可以解决一切问题,在不同的阶段,BIM技术的侧重点并不相同。

第二节 老旧小区节能改造中环境调查与分析中的 BIM 应用

在项目环境调查与分析阶段,主要包括如下四项工作内容,即宏观经济与政策环境调查与分析、微观经济与政策环境调查与分析、项目市场环境调查与分析、建设环境和自然环境的调查与分析。对于前三项工作来说,BIM技术起不到什么帮助作用,仍然要采用传统的调查和分析手段进行。但在建设环境和自然环境的调查与分析工作中运用BIM技术,则可以起到事半功倍的效果。

一个城市的发展,离不开工程项目的建设。我国是世界四大文明古国之一,存在很多历史文化名城,如何在兼顾城市发展的同时,保持历史文化名城的风貌和文化传承,是摆在每一个城市项目建设者和城市管理者面前的一道难题。党的十一届三中全会确立改革开放方针以来,特别是20世纪90年代以后,我国城市建设处于一个快速发展的阶段,很多历史文化名城的风貌被彻底改变,失去了原有的特色。很多文化传承在逐步消失,非常可惜。党的十六大以来,政府倡导科学发展观,推行可持续发展战略,以及发展要以人为本的原则,使得人们逐渐认识到城市发展不能再搞大拆大建、千城一面的做法,在考虑到城市的承载力的同时,结合当地经济文化发展要求,逐步发展适合当地经济发展要求的建设项目。如何才能做到既保持当地城市风貌和文化传承,又能适应当地经济和文化发展要求呢?BIM技术可以帮助决策者在项目进行建设环境和自然环境调查分析工作时,以更加直观、可视化的效果表现拟建项目的城市环境和自然环境,通过不断地进行方案调整来选择适合的建设项目。

我国当前的城市建设主要有旧城改造和新区开发两大类,在这两大类建设工程项目的环境调查与分析过程中,都可以运用BIM技术解决不同的问题。

一、旧城改造项目环境调查中BIM技术运用

对于旧城改造项目,项目建设者或者城市管理者可以运用BIM技术,对建设用地周边的旧城风貌进行电脑模拟仿真,以逼真的美术视效建立建设用地周边的虚拟城市场景,将建设用地区域空出,用来进行多项目比选,选择最符合规划要求,同时适应用地周边城市环境和风貌的规划设计。

(一)旧城改造项目城市3D虚拟场景的构建

城市仿真具备三个特点:(1)良好的交互性,提供了任意角度、速度的漫游方式,可以快速替换不同的建筑;(2)形象直观,为专业人士和非专业人士之间提供了沟通的渠道;(3)采用数字化手段,其维护和更新变得非常容易。构建虚拟城市场景时,首要的工作是对拟改造的城市街区进行数字化建模,也称为城市数字逆向,即将真实的物理世界中的城市构建到电脑里,以数据文件的形式保存。在城市3D模型构建的过程中,数学模型建模是由多种建

模技术的综合应用集成的,也就是说建模工作并没有唯一的一种方法或者软件,而是根据不同类型的模型,采用不同的建模方法,以达到事半功倍的效果。

城市街区的数字化模型建好以后,要进行模型优化和修补工作,并对模型表面进行材质贴图工作,使得建好的模型高度逼真。

将建好的城市街道3D数学模型导入3D引擎软件中,展示3D模型的效果,用户可以通过鼠标或者遥控器,在3D模型中漫游,体验虚拟场景。[①]

(二)旧城改造项目城市街道数字建模的主要技术手段

对于城市街区的逆向,目前有两种方法,一种是采用无人机航拍扫描的办法,对城市街区进行数字化逆向,扫描后形成点云文件,再进行后期的优化处理,修补遗漏的部位,再导入3D建模软件,形成3D模型文件。另一种是利用城市管理部门提供的街区建筑物竣工图,运用3D建模软件直接建模。常用的建模软件如:3DMax、Maya、Sketchup等。模型建完后,再对模型表面进行材质贴图工作。

模型表面的材质来源于实景拍摄的照片,拍摄时,应在合适的光线条件下进行,一般来说,在多云的天气下,没有阳光直射材质表面,光线比较均匀,建筑物表面没有明显的阴影,可采用高分辨率的数码相机拍摄。当然也可以根据实景的情况,选择类似的材质或者贴图附着模型表面,但这样的效果,相比拍照来说缺乏真实感。

相比较两种数字化城市街区的方法,各有利弊,采用飞行扫描方式进行街区逆向时,其优点主要表现在:(1)受限制少。在正常天气条件下都可以进行飞行扫描。(2)时间周期短。无人机飞行结束后,实体的点云数据已经生成,可以快速转化为3D模型。(3)效果逼真。在扫描建筑物的同时,把材质贴图也一并扫描,能够比较真实反映街区的现状。(4)费用低廉。飞行扫描的效率比较高,无须再对街道各类建筑进行拍照来获取材质贴图,节省了大量的拍照时间、后期处理材质贴图时间以及相应费用。

其缺点也很突出,主要表现在以下几个方面:(1)易受到障碍物遮挡,比如植物、路牌、行人等,造成既有建筑的点云数据不全,需要后期进行大量的修补工作。(2)扫描形成的点云数据量非常大,需要进行后期优化。(3)无人

---

①刘存刚,彭峰.绿色建筑理念下的建筑节能研究[M].长春:吉林教育出版社,2020:34-38.

机飞行扫描需要获得政府相关主管部门的批准。(4)模型精度不高。

因此,飞行扫描这种方式,更适合对比较大的街区,甚至整个城市进行数字化建模。

利用竣工图进行建模来逆向城市的方式,其优点表现在:(1)建模精度高。可以与竣工图完全一致。(2)模型数据更优化。人工建模时,可以采用比较优化的建模方法,使建出的模型数据量很小,利于后期的3D虚拟漫游展示。(3)细节表现更丰富。由于是人工建模,很多建筑细节部位可以精确建模,在3D模型展示时,效果更佳。(4)效果比较逼真。如果通过拍照获取材质贴图,如果拍摄时机选得好,拍照设备先进的话,可以营造逼真的视效。

而这种城市逆向方式的缺点,主要表现在:(1)时间周期长。人工建模的效率比较低,对于建筑密度比较大的老街区逆向,建模时间较长。另外,不仅要对街区建筑进行拍照以获得材质贴图,还要对拍照的照片进行加工处理,形成可用的贴图,有些被遮挡的部位,还需要人工进行描绘。因此,消耗的时间较长。(2)费用高。人工建模、实景拍照、优化贴图等操作不仅消耗大量的时间和人力,同时带来制作费用的提高。(3)3D模型的美术视效不如飞行扫描方式。

因此,此种方式不适合对大片区的、高密度的城市街区进行逆向,仅适合于小区级的城市街区逆向。其中涉及的城市三维地形、地貌的建模可在地形测绘数据的基础上利用自动建模软件进行建模,如EsriCity Engine影像数据导入建立实时地形地貌模型、Sky line Terra Builder利用DEM.DOM数据建立三维地形地貌数据库等;针对个别有高精度要求的空间对象,比如古建筑群、著名雕塑等,则采用外业全站仪测量或激光扫描方式进行全要素建模,该建模方式可达到逼真的建模效果以及较高的测量精度。

模型建好以后,要进行优化处理。所谓优化处理,就是利用3D建模软件,对已建成的3D模型的面数进行优化,减少不必要的模型面,面数越少,模型数据量越小,对计算机硬件的压力就会越低,使得在进行3D模型展示时,效果更好,比如在虚拟场景漫游时没有卡顿现象,不会出现虚拟场景中影子消失的情形等。

优化的原则主要有:(1)去掉重复的面。重复的面会导致模型导入3D引擎后,在展示时由于两个面的距离非常微小,3D引擎不知道应该展示哪个面才是对的,所以会造成两个面交替被显现,产生的效果就是虚拟场景中会出现局部闪烁现象,严重影响展示效果。(2)去掉看不见的面。把那些无论是在室外,还是在室内都看不到的面删除,虽然这些面看不到,但如果数量可观的话,会占用大量的计算机显卡内存空间,造成虚拟场景展示时,出现卡顿的情形。(3)对于柱体、球体等曲面 3D 模型,要进行减面处理,用多面体来代替柱体、球体,这样会大幅降低模型的面数,进而降低数据文件的数据量。(4)采用高低模的模型。虚拟场景中的任何可见的物体,一般情况都是三维模型,模型越多、数据量越大,对硬件的压力也越大,最常见的就是会使场景在漫游时,出现卡顿现象。

为了克服这个问题,可以考虑准备一套与高精度 3D 模型对应的低精度模型。在大型的城市虚拟场景中,在近距离看到的模型使用高精度模型,这样看到的模型更加逼真,而对于较远处的模型,自动切换为低精度模型,这样会使整个虚拟场景中包含的模型数据量大幅下降,减少对计算机硬件的压力,也就是减少卡顿现象。

在完成了以上的工作以后,就可以将建好的城市 3D 模型导入 3D 引擎中,在 3D 引擎软件中,为虚拟场景配置适当的配景(车辆、行人、植物、动物等),设置天气系统、光系统(环境光、平行光)、重力系统、物理碰撞等,形成功能完善的虚拟城市场景。

(三)城市街道逆向虚拟 3D 场景展示

所谓虚拟场景的 3D 展示,是指通过 3D 引擎软件所支持的光系统、天气系统、风系统、重力系统的有机整合而模拟出近乎真实的虚拟场景,将建好的 3D 模型,导入这个虚拟场景中,在虚拟场景给出的光条件、天气条件、风条件以及重力条件等环境条件下,观察场景中 3D 模型所呈现出来的效果,包括 3D 模型所附材质效果、光影效果、空间效果、不同模型之间的空间关系效果等,为决策者在决策时提供依据。

目前,在项目前期策划阶段常用的 3D 引擎软件有:①Cry Engine(CE)引擎。Cry Engine 是一款 3D 游戏引擎,但不局限于游戏使用,该 3D 引擎是由德国 Cryteck 公司研发,目前最新版本为 Cry Engine3,支持微软 Diretx 11 图形接口。②虚幻引擎(Unreal Engine)。虚幻引擎是全球顶级游戏公司 EPIC 的产品,现在最新的版本为虚幻 4 引擎,支持微软 Direetx 11 图形接口。③Unity 3D 引擎。Unity 3D 是由美国 Unity Tehnologies 开发的一个三维视频游戏、建筑可视化、实时三维动画等类型互动内容的多平台的综合型游戏开发工具,是一个全面整合的专业游戏引擎。其编辑器运行在Windows和Maeosx下,可发布游戏至Windows、Mac、IPhone、Windows phone 8和Android平台。

虽然这三种都是游戏引擎,但在项目前期策划中常被用来构建虚拟场景。在3D引擎中进行上述操作时,虚拟场景是以工程文件形式保存的,在操作系统环境下(Windows)不能直接打开。上述的环境布置完成后,在3D引擎软件中将这个虚拟场景的工程文件,打包发布为可在操作系统(Windows)环境下直接运行的可形成文件(EXE文件)。决策者执行这个文件(EXE文件),便可在虚拟场景中漫游,甚至可以接上3D头盔显示器(Oeulus Rift)直接走入虚拟场景中。

（四）城市街道逆向要注意的问题

在对城市街道进行数字化逆向时,需要注意一些问题:(1)对用地周边核心区域进行逆向时,尽量做比较精致的建模,以反映真实情况,尤其是临街建筑、植物、公共设施等,而对于远离核心区的建筑,尽量采用低精度模型,甚至可以用简单的体块来代替,以降低场景的数据量。(2)应在虚拟场景核心区域边缘放置不可穿越的、透明的空气墙,用以阻挡漫游者走到核心区域以外,看到核心区以外的低精度模型,影响体验感。(3)避免模型出现重面,以防止模型导入3D引擎时,出现重面部位不断闪烁的情况。(4)虚拟场景中尽量附带深度的信息,比如建筑物尺寸、面积、建筑物之间的间距、道路宽度等,以利于决策者在进行决策时参考。

二、新区开发项目环境调查中BIM技术运用

新区开发主要是通过对城市郊区农地和荒地的改造,使之变成建设用地,并进行一系列的房屋、市政与公用设施等方面的建造和铺设,成为新的城区。

（一）新区开发项目用地虚拟3D场景的构建

新区开发项目周边基本上是空地,即便有一些农村的建筑物、构筑物,也是属于要被拆除的范围,在构建虚拟场景时,不考虑它们的存在。这就给新区开发项目构建虚拟3D场景带来了极大的方便,不需要再对用地周边建筑进行数字化逆向工作。

一般来讲,新区开发项目用地虚拟3D场景的构建,首先从构建建设用地自然地貌模型开始。新区开发项目用地是从农地、荒地改变性质而来,这

些土地基本保持原有的地形、地貌。新区开发项目应尽量不破坏原有地形地貌。如果原有地形地貌基本属于平地,那这个地形地貌的模型将变得非常简单,可以依照用地红线范围,在 3D 建模软件中,按 1∶1 比例构建红线范围内的一个平面表示地形地貌,或者为了更好地说明问题,可以把地形的范围再扩大,超出红线范围一定距离,这部分区域可以按照城市规划要求,做成规划道路、绿地、广场等,视城市规划具体要求而定。如果原地形地貌有起伏,并且高度差非常明显,那么这个地形地貌的模型构建就会变得相对复杂些。通常是利用大比例尺的大地测绘 CAD 图,导入 3D 建模软件中,根据 CAD 图中的高差,建出用地的 3D 模型,但这种方式建出的地形模型,精度比较低。另外一种方法是将 CAD 图导入 GIS 系统(Are-GIS),生成 3D 地形,在 GIS 中进行地形的柔化处理,再导出 VRML 格式文件,导入 3DMax 中,进行纹理贴图,形成带有纹理贴图、视效逼真的 3D 地形模型,这种方法建出的地形模型精度较高。目前,常用的 3D 建模软件都可以把 CAD 图导入,比如 3DMax,SketchUp 以及 Rhino 等。

经常会出现的问题是大地测绘 CAD 图中的等高线有断开的现象,那么在将 CAD 图导入建模软件之前,先要用 AutoCAD 软件将等高线补齐,这是一项比较烦琐的工作。但这个工作很有必要,Rhino 软件会将补齐的 CAD 图根据高差信息,自动转换成 3D 模型,建模工作量会大大降低。

有了这个建设用地的 3D 模型以后,就可以依据模型所表现出来的地形效果,进行下一步的项目规划工作。在用地模型上,建立路网模型,划分用地功能区,进行环境评价等。

(二)场景优化

对于较为复杂的地形进行建模时,为了减少地形模型的面数,需要进行优化。一般常用的方法就是减少曲面,尽量使用多边形来代替曲面,这样数据量会显著减少。如果有重复的面,也要去掉。

(三)虚拟 3D 场景的展示

在 3D 建模软件中,将 3D 地形模型及其附带的路网,导出为 3D 引擎支持的文件格式,常用的文件格式有 OBJ 格式、FBX 格式、DAE 格式等。将 3D 地形文件导入 3D 引擎软件中展开,如果在 3D 建模软件中已经对 3D 地形模型附着好了材质的话,此时材质信息也会被带入 3D 引擎所展开的虚拟场景中。

在3D引擎软件中,可以为虚拟场景配置天气系统、风系统、光系统(包括平行光和环境光)、重力系统等,另外还可以增加植物、动物、车辆、行人等配景,形成较为贴近实际情况的虚拟环境。

(四)多方案的比选

有了新区开发项目的虚拟用地场景,则可以将规划的建筑方案模型导入用地场景中,进行摆放。这个操作也是在3D引擎软件中完成的,一般的操作包括:(1)打开虚拟用地场景的工程文件(注意,不是可执行文件)。(2)把建筑方案的3D模型数据导入该虚拟场景中,放置在适当位置。(3)根据方案设计要求,为建筑方案外立面附着材质,比如窗户附为玻璃材质,墙面可以附为石材,或者真石漆,或者玻璃幕墙,根据方案设计而定,窗框附为铝合金等。并根据效果图,选择材质的颜色,3D引擎中包含一些材质,但如果觉得这些材质不够理想,可以事前制作更符合实际效果的材质导入3D引擎中备用。(4)在建筑方案周围再摆放一些配景,包括车辆、植物、人物和动物等。

上述工作完成后,可以将工程文件保存,并打包成一个新的可执行文件,这样带有设计方案的虚拟场景就做好了。决策者可以对方案结合地形地貌,做出决策。

如果有多种设计方案,可以分别制作多个可执行的虚拟场景文件,看不同方案在同样的地形模型下的不同效果,包括空间效果、环境效果、立面效果等。也可以把不同的方案封装在同一个可执行的虚拟场景文件中,通过按键切换不同的设计方案进行比较。后者需要有对3D引擎软件进行二次开发的能力,同时生成的可执行文件也比较大,但方案比选时更为直观和方便。

在环境调查与分析阶段,通过BIM技术的运用,将项目建设用地及其周边的城市环境或自然环境进行3D虚拟仿真,使决策者更加直观和形象地感受到项目方案的特点和效果,大大提高了项目决策的效率和准确性,为后续项目进行决策策划、实施策划打下坚实基础。

第三节　老旧小区节能改造项目决策策划中的
BIM应用

项目产业策划和功能策划是决策策划的基础,经济策划和技术策划是在基础性策划的前提下,分别从经济和技术两个角度进行分析和论证。项目产业策划是提出项目的总目标,这是项目纲领性的目标,是宏观的,而项目功能策划则是对这个总目标的具体化,是微观层面的。项目总目标能否实现,还是要看功能策划是否能将总目标落到实处。

通过规划设计,可将项目总目标落实到建设用地上,变为各种建筑单体,路网结构,形成空间网络。其表现形式为项目规划方案,即在建设用地控制性规划要求下,对项目用地进行详细规划。在这个过程中,可以运用BIM技术,使得规划方案更为直观,可视化程度高,便于决策。

一、项目规划阶段 BIM 模型的构建

在项目规划阶段,要解决的是项目用地内部的规划设计,依照建设用地控制性规划的容积率、建筑密度、绿地率、建筑限高等要求,结合用地面积内部的地形、地貌的实际情况,将项目总目标设定的经济技术指标逐一落实。

根据项目的功能要求,规划设计出各个功能区块的面积要求,如果是房地产开发项目,则要确定可租售面积、公用设施面积、地下室面积、道路面积、绿地面积等。按照这些要求再去设计各种空间结构、道路走向及宽度、绿地位置等。最终规划设计人员会绘制出详细规划图纸,在图中标明各类建筑单体、路网结构、绿化区域、项目的出入口等,并配以效果图,对规划设计进行说明。这是一种极为专业性的描述,作为非专业的决策者来说,大多数情况下是不能完全理解的,规划设计人员费尽口舌,决策者仍可能一头雾水,使得双方之间的沟通变得困难。

通过 BIM 技术的运用,可以将非常专业性的规划设计成果,转换为极为容易理解的 3D 虚拟场景,决策者在 3D 场景中漫游,来感受和体验项目的规划设计方案,通过规划人员的讲解,很容易理解规划人员的设计初衷和表现方式,这样就可以提出非常有针对性的意见和建议,使双方之间的沟通变得更加容易和畅通。[①]

在环境调查与分析阶段中,针对旧城改造或者新区开发项目建立了建设用地模型,旧城改造项目用地模型主要是仿真项目用地周边的城市环境;而新区建设项目更多的是模拟建设用地周边及红线内部的地形地貌,为项目规划设计提供虚拟用地环境。利用这个虚拟用地环境,把规划设计的图纸转化为 3D 模型,导入虚拟场景中形成完整的规划设计方案。常见的做法

①平顶山工学院. 建筑节能技术[D]. 平顶山工学院,2017:11-17

包括如下几个步骤。

（一）利用3D建模软件将规划成果建为3D模型

在建筑规划领域常用的建模软件，包括3DMax、SketchUp等。依据虚拟场景中的地形模型，建立项目红线内的规划模型，包括道路模型、建筑模型、建筑小品模型、人行桥模型等。如果存在多个建筑单体完全一样的话，只需要给一个建筑单体建模即可。建好的模型，按照3D引擎支持的格式保存，常用的格式包括FBX格式、DAE格式、OBJ格式等。

（二）将建成的3D模型导入虚拟用地场景所对应的工程文件中

在3D引擎软件中，把建设用地虚拟场景的工程文件打开，导入规划模型，包括道路、建筑单体、建筑小品等。如果多个建筑单体是一样的，可以在虚拟场景中复制建筑单体，再粘贴到相应的场景位置中。如果在建模时已经为模型表面附着了材质，这些材质是可以被带入虚拟场景中的，不需要再重新附材质，但有可能会重新调整颜色（颜色可能会有些失真）。如果在建模时没有附着材质，则需要在3D引擎软件中对模型表面附着材质。这就要求在建模时，要区分出材质类型，比如所有的玻璃材质可以捆绑在一起，所有建筑的墙面如果是同一种材质也可以捆绑在一起，这样在附着材质时，就会非常方便地把同一种材质一次性附完。

把所有的模型导入后，便可以在虚拟场景中放置适当的配景，对虚拟场景进行装饰。一般会在道路两边放置行道树，为了减少虚拟场景的数据量，可以通过复制、粘贴的办法，把同一棵行道树沿道路走向，粘贴在不同的位置，并旋转一下树的角度，避免行道树一致性造成的虚假的感觉。在景观区域可以放置多种灌木、草、花、乔木等植物，种类可以多些，使得场景植物具有层次感。

另外，在人行道上、绿地上可以摆放些人、小动物，在道路上，尤其是项目规划用地的出入口，也可以摆放些人、车辆，使场景内容更加丰富。

（三）将规划方案虚拟场景打包成可执行的文件

把布置好的规划方案虚拟场景打包成可执行的文件（EXE文件），这样就可以在Windows环境下被执行，展现出3D规划方案，为决策者决策提供依据。

（四）需要注意的几个问题

在构建规划方案虚拟场景时，需要注意以下几个问题：（1）由于规划方案的虚拟场景(尤其是新区开发项目的)面积大、模型多,建模时要特别注意,保证每个模型被优化过,数据量尽量小。(2)如果虚拟场景中出现多个重复模型时,只需导入一个,其他的通过复制粘贴的方式放置虚拟场景中,这样数据量会小很多。比如大型住宅小区中的很多住宅楼都一样,这样只需要导入一个楼的模型,其他的楼通过复制粘贴方式放到相应位置即可,再有就是配景树,在虚拟场景中,配景树的用量很大,尤其是沿路的行道树,树种是一样的。如果每棵树都是一个真实的 3D 模型,会使场景中的模型量增加很快。所以,为防止出现这种情况,一般也采用导入一棵树,然后复制粘贴的方式,沿路布置其他的行道树。如果有多种树的话,每种树都要有一个 3D 模型,其他位置的就采用复制粘贴方式。(3)建模型时,注意保持模型表面的法线方向一定是朝外的,这样在导入 3D 引擎时,表面附着的材质才是对的。(4)虚拟场景中添加配景时,应选择有高低模型的配景,当配景在远离视线的地方时,电脑会自动以低精度模型方式呈现,处于近处时,又自动切回,以高精度模型方式出现。这样,对计算机硬件的压力会小很多。

通过上述步骤,就可以把一个规划方案变为 3D 虚拟场景。如果决策者对规划方案提出修改意见,可以回到第一步骤,修改原规划模型,再重新导入虚拟场景中。规划方案获得最终批准后,可以建立一个 3D 规划展厅,配备高性能图形工作站、高清 3D 投影仪、3D 头盔显示器等设备,以虚拟现实的方式展示项目的规划成果,供参观者漫游、体验。

二、针对规划 BIM 模型的分析

构建规划方案的虚拟场景,不仅仅是为了漫游,更为重要的是要落实在产业决策中确定的项目总目标,分析这个目标是否可以从概念性的要求,变为符合用地控制性规划要求,能够得到政府城市规划主管部门批准、符合现代城市生活理念、实现较好的经济效益和社会效益的详细规划方案。

利用 3D 虚拟规划场景,决策者可以非常直观地对规划方案是否能够满足上述的要求做出分析和判断,使决策的效率大为提高。一般地,可以从如下几个方面对规划方案进行分析。

(一)日照分析

日照规范是强制性要求。我国《城市居住区规划设计规范(2002 年版)》GB 50180–1993 有如下强制规定:

第一，住宅间距应以满足日照要求为基础，综合考虑采光、通风，消防、防灾、管线埋设、视觉卫生等要求确定。

第二，住宅的日照标准对于特定情况应符合下列规定：(1)老年人居住建筑不应低于冬至日日照2小时的标准；(2)在原设计建筑外增加任何设施不应使相邻住宅原有日照标准降低；(3)旧区改建的项目内新建住宅日照标准可酌情降低，但不应低于大寒日日照1小时的标准。国内日照分析软件比较多，常见的如天正日照分析软件、飞时达日照分析软件等。这些软件都是基于AutoCAD软件开发，通过对规划图的分析，给出日照分析图。但日照分析软件的分析结果对于非专业的决策者来说，显得太专业化，不易被理解。如果利用规划方案的3D虚拟场景，进行日照分析则变得非常直观和容易接受。

BIM技术提高了日照计算的效率，尤其是提高了体型复杂的建筑物的日照精确度。由于计算效率的提高，也使多方案比较变得相对容易实现。BIM是可以贯穿建筑整个生命周期的数据载体，在不同的阶段，不同的专业应用可以具备不同的"维度"，换句话说，它可以在不同的阶段，根据不同的需要创建。保存或提取所需要的信息模型的详细度也随着阶段的不断深入，逐步地细化。

在项目方案阶段，BIM建模可以是概念模型，它虽然只有大致的尺寸和造型，但却可以提取出面积、容积率等基本数据。只要具备项目的地理位置、朝向，把项目概念模型放入该地形图中，就可以计算出任意时间的日照情况。利用3D引擎提供的二次开发接口，用程序控制太阳随时间变化的轨迹，模拟太阳的运转随着太阳位置的改变，人们在虚拟场景中可以非常清楚地看到所有建筑物的落影随太阳位置的变化情况。某建筑物是否会对其他建筑物产生遮挡、什么时间遮挡、遮挡到什么程度都一目了然。还可以利用程序控制太阳移动的速度，使得太阳从升起到落下的过程可以在短时间内完成，这足以能表明日照的情况是否能够符合规范的要求。由于基于BIM的概念模型具备参数化控制，所以，可以根据日照计算结果，很方便地进行调整模型，而关联的面积、容积率等数据也随即变化。所以，我们可以及时地获取到不同设计方案的日照结果、面积和容积率等数据。

(二)环境分析

在规划方案的3D虚拟场景中，可以非常方便地计算规划方案是否能够满足用地控制性规划要求,比如建筑密度、容积率、绿地率、限高要求等。当前的 3D 引擎软件都提供一次开发的软件接口,可以在虚拟场景的工程文件中插入程序代码,完成上述操作。当工程文件被打包为可执行的场景文件并执行时,通过调用插入的程序,便可以显示当前规划方案中的建筑密度、绿化率、容积率、建筑高度等深度信息,利于决策者进行决策判断。

另外,利用规划方案的 3D 虚拟场景,还可以对景观规划进行分析,包括对水系设计的分析、建筑小品位置的分析、植被的分析等。尤其是在景观中包含的假山、坡道的设计,通过 3D 虚拟场景可以非常直观地判断假山的高度、体量是否合适,坡道坡度、长度是否合理等。

(三)交通分析

1.人行出入口和车行出入口的分析

判断出入口的位置是否合理,如果是旧城改造项目,人行出入口的设计应靠近最近的公交站点,利于人们乘坐公共交通工具。车辆出入口应与人行出入口分开,且尽量靠近城市交通主干道,便于车辆的通行。

2.区内交通流向分析

行人与车辆交通应分离,即人车分流。各个建筑物与行人出入口之间的道路设置要合理,不要绕路,以利于人们的出行。

3.区内道路分析

区内道路分析包括不同级别的道路宽度设计是否合理,坡道及台阶路面设计是否合理,道路表面材质的选择是否合适等。

4.消防通道分析

消防通道出入口位置是否合理,消防车到达各个楼位是否便捷,没有障碍;是否设置消防车回车场,或者采用环形消防通道等。

利用规划方案的 3D 虚拟场景,对上述分析内容可以很快给出判断。需要说明的是,利用 BIM 技术,在前期策划阶段进行辅助决策,是在原有的技术手段之上又提供了一种可视化的方法,使方案更为直观,更容易被理解,但绝不能理解为没有 BIM 技术,前期策划就没有办法进行决策。

三、应用 BIM 技术对建筑方案进行决策

项目总目标最终会落实到具体的建筑方案上,以上讲述了在规划设计阶段运用 BIM 技术,对规划方案进行分析。如果规划方案最终获得批准,接

下来则要按照规划方案的要求,仔细推敲项目中所有建筑方案,要从空间结构、外立面、主要建筑材料、经济性、技术标准等方面进行研究。传统的方法是采用平、立、剖三视图,外加建筑外立面效果图以及文字说明的方式进行描述,由决策者决策。但建筑方案的这种二维方式的表达,对于非专业的决策者来说很难理解方案,势必造成决策者决策困难。

运用BIM技术,可以将二维方式描述的建筑方案,以三维方式呈现,外立面配以逼真视效的材质,将建筑方案模型摆放到规划方案虚拟场景中,可以非常好地表现出建筑方案整体效果,以及与规划方案整合后,所表现出来的项目完整全貌,这对决策者进行决策具有极大的帮助。

要达到上述的目的,可以按照如下步骤加以实现。

(一)依照建筑方案设计文件建立建筑方案3D模型

根据建筑方案的平、立、剖三视图,利用3D建模软件对建筑单体方案建模。建模时要注意模型的优化问题,避免重面、避免法线方向错误等。模型建好后,要对建筑模型的外表面,包括立面、屋面进行材质划分,所有相同的材质划分为一组。比如所有外窗由窗框和玻璃组成,可以分为两组材质,一种材质为玻璃材质,另一种材质为窗框材质;墙体如果为一种材质,可以设为一组,如果分为上下两种材质则要对墙体材质进行区分,上面一种材质,下面一种材质。一般来说,在3D建模软件中(以Sketchup为例)不一定给出非常具体的材质,哪怕不同的材质采用不同的颜色来划分都是可以的。将方案模型导入3D引擎软件后,再附着具体材质即可。

按照上述要求,对其他的建筑单体进行建模,要注意的是,如果建筑单体重复出现的话,只需要建立一个模型即可。完成所有不同种类的建筑单体建模工作后,将模型文件分别导出3D引擎软件可以支持的文件格式,如FBX、OBJ、DAE等。

(二)将原规划方案的虚拟场景中粗略的建筑单体方案删除

在3D引擎软件中,打开原规划方案的虚拟场景,将方案中较为粗略的建筑模型去除,保留其他的规划模型,包括路网、植物、景观小品、车辆、行人等。

(三)将建好的建筑模型导入规划方案虚拟场景中

在上一步打开的规划场景中,分别导入建好的3D建筑模型。一般的做法是:(1)导入一个建筑模型,将该建筑模型放到规划方案场景中的指定位置,调整模型的朝向,直到符合要求为止。(2)如果模型已经附带材质,则可以对材料颜色做适当调整,如果没有附带材质,此时,对建筑模型外表面的材质进行了分组,按照原方案效果图所示,对建筑模型外表面附着材质(如果3D引擎软件中没有该种材质,在互联网上寻找该种材质的高清图片文件,利用Photoshop软件制作材质贴图)。因为已经在建模时,对材质进行了分组,当附着材质时,在一个材质组中的所有建筑外表面会被自动附为一种材质,这大大简化了附着材质的工作强度。一般的建筑模型外表面的材质数量不多,4、5种比较常见,因此很快就可以把材质附完。在附材质时可以调整材质的颜色,使其贴近效果图中所示的美术效果。(3)如果规划方案中还存在同样的建筑模型,只需将已经附完材质的建筑模型进行复制、粘贴操作,则该模型连带所附材质一并被复制出来,将其放置在方案中规定的位置,调整朝向即可。(4)重复上述操作,直到规划方案中的所有建筑模型全部导入虚拟场景,该复制的模型已经被复制。(5)在虚拟场景中插入程序编码,用来实现对建筑模型进行材质替换的操作,前提是所有可选择的材质已经备好。(6)将此虚拟场景打包成可执行的EXE文件。

这样,一个完整的、带有建筑方案模型的项目规划虚拟场景就被构建完成。当在Windows环境下执行这个场景文件时,场景被打开,决策者不仅可以在场景中漫游,仔细观看每个建筑模型的细节,对楼与楼之间的空间关系、建筑外立面的效果、建筑的体量等进行分析,也可以鸟瞰整个项目全景,把握项目整体效果。如果决策者对建筑外立面的效果不确定的话,可以通过调用虚拟场景中插入的材质更换程序,更换其他可选的材质帮助决策者比选不同材质的效果,通过美术效果对比、经济分析,最终选择合适的外立面材质。

当前主流游戏3D引擎的美术视效已经达到了专业级的标准,国外很多影视中的场景,都是利用这种3D引擎来表现的,因此,完全可以适用于建筑方案。

第四节　老旧小区节能改造项目实施策划中的 BIM 应用

项目的实施策划从项目组织架构、合同体系结构、项目信息管理以及技术管理四方面进行规划。在这个阶段,如何运用BIM技术为项目决策提供帮助呢？BIM技术是从项目前期策划开始,伴随项目在规划设计、施工、运维等全生命周期各个阶段都可以运用的技术。在这个过程中,建筑模型的构建是最常见的使用方式,但BIM技术绝不仅仅是建模这么简单,更为重要的是包含在建筑模型当中的更为深度的信息的运用和管理,才是BIM技术发挥其作用的核心所在。没有这些深度信息,BIM技术便失去了意义。但在建设项目的不同阶段,人们需求的信息种类、内容、深度都是不一样的,因此,作为贯穿项目全生命周期的BIM技术应能够满足人们的这种要求,这就要求在进行项目策划时,尤其在项目实施策划阶段,对BIM技术中所包含的信息进行规划和管理。

一、BIM信息规划

BIM技术的核心内容是附加在三维模型上的深度信息,只有带有深度非几何信息的二维建筑模型才可以成为BIM模型。但这些信息并非是与生俱来、随着模型的构建而自动生成的,因此需要在采用BIM技术之前,对项目过程中的各类信息进行规划,建立项目信息数据库,随着项目进程的不断推进,不断丰富和完善信息库中的信息内容。

构建信息数据库主要包括如下过程。

(一)产品信息分类

按照项目的应用场景对在这个过程中所需要的各类信息,按照产品类型进行分类汇总,形成产品信息分类表。例如,可以将项目中所用到的产品分为建筑材料、装饰材料、绿化用品等,而每一种大类下面都包含若干个小类。每个小类还可以再细分,比如钢筋可以根据规格分为螺纹钢、线材等,又根据不同的直径分为若干型号,诸如此类。

(二)规划产品信息属性

针对项目中使用的每种最终产品,设定该产品的属性。比如产品名称、规格、生产厂家、单价、质量标准等不同的类型产品,设定的属性不同。

(三)规划每一种属性的取值范围

对所有产品的属性规定属性值的取值范围,并将非数字表示的属性值进行数字化处理。

(四)对产品分类信息进行编码

按照设定的规则,对产品分类信息进行编码。图4-1给出了一种可能的编码方式。

通过15位数字对产品分类进行编码,如外径为20mm的螺纹钢,可以表示为000000000002000。其中,一级编码、二级编码及三级编码共同确定了该产品的材质类型,而后面的顺序码则表示在该种材质类型下的产品顺序号,当然也可以用不重复的规格来定义顺序号。这样对BIM模型中使用的产品进行信息编码,极大地方便了计算机对这些非几何信息的处理,通过编码可以唯一确定某种材料及其所附带的各类属性信息。[①]

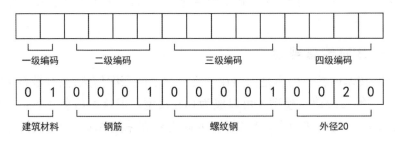

图4-1　一种产品分类信息编码规则及示例

(五)定义产品数据库结构

有了上面的信息规划,可以构建BIM产品信息库结构。主要包括如下三个基础数据库表,即分类编码表、产品属性值表、产品信息结构表,见表4-1、表4-2、表4-3。

表4-1　分类编码表

字段名称	数据类型	长度	说　明
顺序号	Int	8	
分类级别	Int	2	处于一级类别、二级类别或三级类别,数值可分别为1,2,3
分类名称	String	40	字符串,不超过20个汉字
本级分类编码	String	5	用数字串表示。一级分类为两位字符串,二级为三位字符串,三级为五位字符串,这里只按第三级长度定义,包含其他两级。三级分类具有唯一性,不重复
直接上级分类编码	String	5	与该分类直接相连的上级分类编码,例如"螺纹钢"分类的直接上级为"钢筋",若"钢筋"分类编码为0001,则此处填写0001

①胡文斌. 绿色建筑及工业建筑节能[M]. 昆明:云南大学出版社,2019:29-32.

表4-2　产品属性值表

字段名称	数据类型	长度	说　明
顺序号	Int	8	
产品分类编码	String	11	取完整产品15位分类码的前11位，来确定属性来自某类产品
产品属性值	String	8	某种属性描述所对应的属性值，字符中型，长度8位
产品属性描述	String	200	字符串，不超过100个汉字

表4-3　产品信息结构表

字段名称	数据类型	长度	说　明
分类编码	String	15	完整的产品编码，长度15位
产品名称	String	100	不超过50个汉字
产品单价	Int	8	价格为整数型，长度8位
产品属性1	String	8	字符串，对应表4-2中的产品属性值
产品属性2	String	8	字符串，对应表4-2中的产品属性值
产品属性3	String	8	字符串，对应表4-2中的产品属性值
......			

　　表4-1中，"直接上级分类编码"指的是与某个分类直接相连的上一级分类码，即其父分类编码，例如"螺纹钢"分类的直接上级为"钢筋"，若"钢筋"分类编码为0001，则此处填写0001。如果该分类处于一级分类，上面没有直接的父分类，则该字段值可以定义为0。

　　表4-2中，定义了所有产品属性的数字化值，即任何一种产品，可以有多种属性，每种属性又有多种取值，在产品属性值表中，建立了属性的描述与取值之间的一一对应关系，用200位长度的字符串表示属性的文字描述，用8位数字串来设定这种文字描述的值，要求每一个属性值不重复。表中的"产品分类编码"为完整15位编码中的前11位，用来确定某种属性所来自的产品分类，同时可以根据这个分类编码，把所有此类产品的全部属性快速检索出来。

　　表4-3中，"分类编码"字段指的是某类产品按照分类编码表分类规则组合后形成的最终的产品唯一标识码。例如，外径为20mm的螺纹钢产品的分

类编码字段值为"010001000010020",其中第1,2位表示该产品为建筑材料,01在一级分类中指的是建筑材料。第3~6位0001表示钢筋,即0001在二级分类中表示钢筋,且它的直接上级为建筑材料分类(01)。第7~11位为00001表示螺纹钢。第12~15位表示该螺纹钢的外径为20。

有了这些基础的数据库表,在进行BIM应用的过程中,可以通过编程的方式将BIM模型对应的几何信息与非几何信息建立对应关系,并实现快速检索、分类、综合及估价、采购等,为项目建设带来极大的便捷。

二、BIM信息采集

建立了BIM基础产品信息库以后,需要进行数据采集,来丰富数据库的内容。这项工作还是需要大量烦琐细致的人工操作才能完成。一旦数据库建立起来,将成为企业的核心资产,不仅可以为当前项目所利用,由于BIM信息是伴随项目的全生命周期的,因此,在项目建成并投入运营后,该数据库仍然可以发挥重要的作用。另外,对于新建项目这个数据库仍然可以被充分利用。

一般来说,数据的采集通常采用调查法,即通过向产品生产企业发放产品信息调查问卷的方式收集信息。但这种办法耗时长、费用高、效率低。在当今互联网已经十分普及的前提下,要充分发挥互联网的信息检索功能,通过互联网对各类产品信息进行挖掘,效率极高,成本很小。

目前在阿里巴巴网站(www.1688.com)上,集中了大量的产品生产企业及产品信息,全球有数千万的生产商在阿里巴巴网站上进行在线交易,由于这些产品和企业信息都不是非常明确,所以可以通过网站上的联系方式获得进一步的产品信息。

市场信息是瞬息万变的,为了使BIM信息数据库发挥重要的决策作用,还需要定期对BIM信息数据中已经录入的数据进行更新和维护,以保持BIM信息库数据的有效性和准确性。

第五章 BIM在老旧小区节能改造设计阶段的应用

第一节 老旧小区节能改造设计阶段概述

BIM技术提供了一个改变流程的机会,它不仅仅是一个设计工具,更不仅仅是一个软件,而是一个过程,是全产业链的概念,在这个过程中建立了一个包含信息的模型,用来回答项目全生命周期中关于这个项目的所有问题。对应到建筑设计阶段,应该为3D参数化设计。3D参数化设计是BIM在建筑设计阶段的应用。[①]

3D参数化设计是有别于传统Auto CAD等二维设计方法的一种全新的设计方法,是一种可以使用各种工程参数来创建,驱动三维建筑模型,并可以利用三维建筑模型进行建筑性能等各种分析与模拟的设计方法。它是实现BIM、提升项目设计质量和效率的重要技术保障。

3D参数化设计的特点为全新的专业化三维设计工具、实时的三维可视化、更先进的协同设计模式、由模型自动创建施工详图底图及明细表、一处修改处处更新、配套的分析及模拟设计工具等。3D参数化设计的重点在于建筑设计,而传统的三维效果图与动画仅是3D参数化设计中用于可视化设计(项目展示)的一个很小的附属环节。

在建筑项目设计中,实施BIM的最终目的是要提高项目设计质量和效率,从而减少后续施工期间的碰撞返工,保障施工周期,节约项目资金。其在建筑设计阶段的价值主要体现在以下五个方面。

一、可视化(Visualization)

BIM将专业、抽象的二维建筑描述通俗化、三维直观化,使得专业设计

---

① 姜灿坤.老旧小区建筑节能改造措施适用性研究——以西安市某小区为例[J].城市建筑.2020,17(22):168-170.

师和业主等非专业人员对项目需求是否得到满足的判断更为明确、高效,决策更为准确。

二、协调(Coordination)

BIM 将专业内多成员间、多专业、多系统间原本各自独立的设计成果(包括中间结果与过程),置于统一、直观的三维协同设计环境中,避免因误解或沟通不及时造成不必要的设计错误,提高设计质量和效率。

三、模拟(Simulation)

BIM 将原本需要在真实场景中实现的建造过程与结果,在数字虚拟世界中预先实现,可以最大限度减少未来真实世界的遗憾。

四、优化(Optimization)

由于有了前面的三大特征,使得设计优化成为可能,进一步保障真实世界的完美。这一点对目前越来越多的复杂造型建筑设计尤其重要。

五、出图(Documentation)

基于 BIM 成果的工程施工图及统计表将最大限度保障工程设计企业最终产品的准确、高质量、富于创新。

第二节 BIM 技术在老旧小区节能改造设计阶段的介入点

哪些项目适合使用 BIM? BIM 应该在建筑项目设计的哪个阶段介入?这两个问题的答案仁者见仁、智者见智。有的说 BIM 只适合于复杂造型设计项目,在前期的概念和方案阶段就要介入,常规住宅项目是杀鸡用牛刀;有的说只有标准化程度比较高的住宅项目,才能充分体现参数化设计的价值,提高出图效率,应该在施工图阶段介入;还有的说复杂的 BIM 只适合做方案设计,施工图还是使用 Auto-CAD 更灵活、效率更高等。这些观点其实都没错。心理学认为需求是决定一切行为的根本,BIM 也是同理。不同的人、不同的项目、不同的目的,将决定 BIM 的实施采用什么样的方式,包括什么时候介入、做到什么深度、得到什么成果,以及实施的费用成本。

一、实施BIM的不同设计阶段

在建筑设计阶段,实施BIM的最终结果一定是所有设计师将其应用到设计全程。但在目前尚不具备全程应用条件的情况下,局部项目、局部专业、局部过程的应用将成为未来过渡期内的一种常态。因此,根据具体项目设计需求、BIM团队情况、设计周期等条件,可以选择在以下不同的设计阶段中实施BIM。

(一)概念设计阶段

在前期概念设计中使用BIM,在完美表现设计创意的同时,还可以进行各种面积分析、体形系数分析、商业地产收益分析、可视度分析、日照轨迹分析等。

(二)方案设计阶段

此阶段使用BIM,特别是对复杂造型设计项目将起到重要的设计优化、方案对比和方案可行性分析作用。同时建筑性能分析、能耗分析、采光分析、日照分析、疏散分析等都将对建筑设计起到重要的设计优化作用。

(三)施工图设计阶段

对复杂造型设计等用二维设计手段施工图无法表达的项目,BIM则是最佳的解决方案。当然在目前BIM人才紧缺、施工图设计任务重、时间紧的情况下,不妨采用BIM+Auto CAD的模式,前提是基于BIM成果用Auto CAD深化设计,以尽可能保证设计质量。[①]

(四)专业管线综合

对大型工厂、机场与地铁等交通枢纽、医疗体育剧院等公共项目的复杂专业管线设计,BIM是彻底、高效解决这一难题的唯一途径。

(五)可视化设计

对效果图、动画、实时漫游、虚拟现实系统等项目展示手段也是BIM应用的一部分。

---

①徐照.BIM技术理论与实践[M].北京:机械工业出版社,2020:137-145

二、不同类型项目和BIM介入点

(一)住宅、常规商业建筑项目

项目特点：住宅、常规商业建筑项目造型规则时，有以往成熟的项目设计图纸等资源可以参考利用，使用常规三维BIM设计工具即可完成（例如revit architeture系列）。

此类项目是组建和锻炼BIM团队或在设计师中推广应用BIM的最佳选择。在建筑项目开始阶段，从扩初或施工图阶段介入，先掌握BIM设计工具的基本设计功能、施工图设计流程等，再由易到难逐步向复杂项目、多专业、多阶段及设计全程拓展。这样可以规避贪大求全嚼不烂的风险。

(二)体育场、剧院、文艺中心等复杂造型公共建筑项目

项目特点：造型复杂或非常复杂，没有设计图纸等资源可以参考利用，传统CAD二维设计工具的平、立、剖面等无法表达其设计创意，现有的Rhino.3DMax等模型不够智能化，只能一次性表达设计创意，当方案变更时，后续的设计变更工作量很大，甚至已有的模型及设计内容要重新设计，效率极其低下，专业间管线综合设计是其设计难点。

此类项目可以充分发挥、体现BIM设计的价值。为提高设计效率，建议从概念设计或方案设计阶段介入，使用可编写程序脚本的高级三维BIM设计工具或基于Revit Architeeture等BIM设计工具编写程序、定制、工具插件等完成异型设计和设计优化，再在Revit系列中进行管线综合设计。

(三)工厂、医疗等建筑项目

项目特点：造型较规则，但专业机电设备和管线系统复杂，管线综合是设计难点。

对于此类项目，可以在施工图设计阶段介入，特别是对于总承包项目，可以充分体现BIM设计的价值。

以上只是对常见项目类型做简要说明，不同的项目，设计师与业主关注的内容不同，以此决定在项目中实施BIM的内容（异型设计、施工图设计、管线综合设计、性能分析等）。

第三节 基于BIM技术的老旧小区节能改造的协同设计

协同设计的理念已经深入建筑师和工程师的脑海中了,BIM技术与协同设计技术将成为互相依赖、密不可分的整体。然而对于协同设计的含义及内容,以及它的未来发展,人们的认识却未统一。

一、BIM协同设计的概念

所谓协同设计,是指基于计算机网络的一种设计沟通的交流手段,以及设计流程的组织管理形式。协同设计分为二维协同设计及三维协同设计。二维协同设计在基于二维工程图纸的传统设计方法中已经有所应用,它是以计算机辅助绘图软件的外部参照功能为基础的文件级协同,是一种文件定期更新的阶段性协同模式。三维协同设计是指项目成员在同一个环境下用同一套标准来完成同一个设计项目,在设计过程中,各专业并行设计,基于三维模型的沟通能做到及时并且准确。BIM技术的发展为三维协同设计提供了技术支撑。未来的协同设计,将不再是单纯意义上的设计交流、组织和管理手段,它将与BIM融合,成为设计手段本身的一部分,即基于BIM的协同设计。

协同设计使得各专业之间的数据得到可视化共享,通过网络消息、视频会议等手段,设计团队成员之间可以实现跨部门、跨地区,甚至跨国界信息交流,开展方案评审或讨论设计变更;通过网络共享资源库,使设计者能够获得统一的设计标准,通过网络管理软件,项目组成员以特定角色登录,可以保证成果的实时性及唯一性,并实现正确的设计流程管理。BIM技术带来的三维协同设计变化主要体现在以下几个方面:(1)从二维设计转向三维设计;(2)从线条绘图转向构件布置;(3)从单纯几何表现转向全信息模型整合;(4)从各专业单独完成设计转向协同完成设计;(5)从离散的分步设计转向基于同一模型的全过程整体设计;(6)从单一设计交付转向建筑全生命周期支持。

协同是BIM的核心概念,同一构件元素,只需输入一次,各种共享元素数据从不同的专业角度操作该构件元素。从这个意义上说,协同已经不再是简单的文件参照。可以说BIM技术将为未来协同设计提供底层支撑,大幅提升协同设计的技术含量。BIM带来的不仅是技术,也将是新的工作流及新的行业惯例。

因此,未来的协同设计,将不再是单纯意义上的设计交流、组织及管理手段,它将与BIM融合,成为设计手段本身的一部分。借助于BIM的技术优势,协同的范畴也将从单纯的设计阶段扩展到建筑全生命周期,需要设计、施工、运营、维护等各方的集体参与,因此具备了更广泛的意义,从而带来综合效率的大幅提升。BIM协同设计原理如图5-1所示。

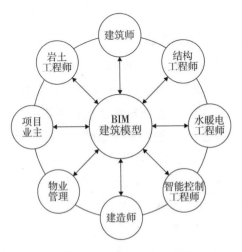

图5-1　BIM协同设计原理图

二、BIM协同设计的意义

从传统设计到BIM设计的转变过程如图5-2所示。传统设计的主要产品是二维工程图纸,其协作方式是采用二维协同设计,或各专业间以定期节点性地相互提取资料的方式进行配合(简称"提资配合")。

目前,建筑工程设计正处在从传统设计到BIM设计的过渡阶段。一些设计院在一定程度上已经实现了设计成果从"二维图纸"到"二维图纸+BIM模型"的转变,但协作方式仍然是通过二维协同设计或者提取资料来配合。由于BIM设计增加了很多工作量,处在这个过渡阶段的设计院面临巨大的工作压力。[1]

---

①谢嘉波,汪晨武.BIM建模与算量[M].北京:机械工业出版社,2020:94-101.

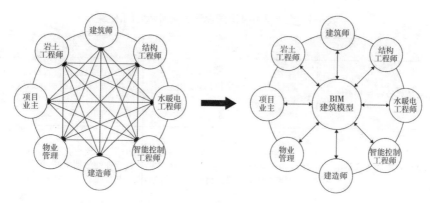

图5-2 传统设计与BIM设计

如果没有完善的BIM协同设计方法,则会造成工作效率低下。因此,基于BIM的设计模式不仅包含BIM全信息模型的建立与应用,还包括更为重要的核心就是协同设计。只有完成了从二维协同设计到三维协同设计的转变,才能真正达到BIM设计的要求,使建筑设计各专业内和专业间配合更加紧密,信息传递更加准确有效,重复性劳动减少,最终实现设计效率的提高。

三、BIM协同设计实施流程

本节所描述的BIM协同设计流程与目前绝大多数设计院所首先完成二维施工图,再根据施工图建立BIM模型的做法截然不同,是建筑设计者直接利用BIM核心建模软件进行协同设计,并基于BIM模型输出设计成果的流程。包括如下步骤。

(一)编制企业级BIM协同设计手册

编制企业级BIM协同设计手册已成为基于BIM协同设计的基础性工作。目前,BIM的国家标准正在编制过程中,地方标准也在陆续发布征求意见稿。企业可参照这些规范和标准结合自身情况编制企业自己的BIM导则,以指导生产实际。企业级BIM协同设计手册主要内容应包括BIM项目执行计划模版、BIM项目协同工作标准、数据互用性标准、数据划分标准、建模方法标准、文件夹结构及命名规则、显示样式标准等内容,见表5-1。

表5-1　企业级BIM协同设计手册所包含的内容

章节	主要内容	作用
BIM项目执行计划模版	a.项目信息;b.项目目标;c.协同工作模式;d.项目资源需求	帮助BIM项目负责人快速确认信息,确立项目目标。选用协同工作标准并明确项目资源需求
BIM项目协同工作标准	a.针对不同项目类型可选用的协同工作流程以及流程中各阶段的具体工作内容和要求;b.各专业间设计冲突的记录方式和解决机制;c.检验方法	协同工作流程,确立数据检验及专业间协调机制,保障各专业并行设计工作顺利进行
数据互用性标准	a.项目划分的准则和要求;b.各专业内及各专业间分工原则和方法	明确适用于不同项目类型BIM相关软件,明确核心建模软件与专业分析软件之间的数据传输标准,保证BIM设计的畅通
数据划分标准	a.项目划分的准则和要求;b.各专业内及各专业间分工原则和方法	确保项目工作的合理分解,为项目进度计划的制订以及后期产值分配提供重要依据
建模方法标准	a.不同项目类型以及不同项目阶段BIM模型深度细节要求;b.标准建模操作	规定建模深度,避免深度不够导致的信息不足,或细节度过高导致创建效率低下;规范建模操作,避免模型传递过程中信息丢失
文件夹结构及命名规则	a.文件夹命名规则;b.文件命名规则;c.文件储存和归档规则	建立项目数据的共享、查询、归档机制,方便协同工作进行
显示样式标准	a.一般显示规则;b.模型样式;c.贴图样式;d.注释样式;e.文字样式;f.线型线宽;g.填充样式	形成统一的BIM设计成果表达方式

(二)制订BIM项目执行计划

企业承接BIM设计项目后,首先要做的就是针对该项目制订出BIM项目的执行计划。由于BIM设计的工作要求较高,所需资源也较多,BIM设计团队必须充分考虑自身情况,对项目实施过程中可能遇到的困难进行预判,只有严格规定协同工作的具体内容,才能保证项目的顺利完成。在一个典型的BIM项目执行计划书中,应包含项目信息、项目目标、协同工作模式以及项目资源需求等内容,见表5-2。

表5-2 BIM项目执行计划所包含的内容

章节	主要内容
项目信息	项目描述、项目阶段划分、项目特殊性、项目主要负责人、项目参与人
项目目标	BIM目标、阶段性目标、项目会议日期、项目会审日期
协同工作模式	BIM规范、软件平台、模型标准、数据生效协议、数据交互协议
项目资源需求	专家、共享数据平台、硬件需求、软件需求、项目特殊需求

(三)组建工作团队

BIM设计团队由三大类角色组成,即BIM经理、BIM设计师和BIM协调员。

BIM项目团队中最重要的角色是BIM经理。BIM经理负责和BIM项目的委托者沟通,能够充分领会其意图的同时,还要对现阶段BIM技术的能力范围有充分的了解,从而可以明确地告知委托者能在多大程度上满足其要求。BIM经理还负责制订项目的具体执行计划、选用企业的工作流程和相关标准管理项目团队、监督执行计划的实施等。这些责任要求BIM经理必须具备丰富的工程经验,了解建筑项目从设计到施工各个环节的运转方式和BIM项目委托者的需求,熟悉BIM技术,还要在一定程度上懂得设计项目管理。

除了BIM经理,BIM项目团队通常要配齐各专业经验丰富的设计师和工程师,并且要求他们熟练掌握BIM相关软件,或者为他们配备能熟练掌握BIM软件的BIM建模员。BIM协同设计先行者Randy Deutsch指出,应当要求项目团队中的建筑工程专家指导团队中建模的年轻人,并在BIM协同设计中肩并肩地一同工作。[1]BIM设计的趋势是一线设计人员直接操作BIM软件,通过使用BIM来展示自己的设计思路和成果。所以,要求建模员不断提高专业水平并积累项目经验,并成长为设计师或工程师。设计师和工程师也要熟练掌握BIM软件,这是大势所趋。

BIM协调员是介于BIM经理和BIM设计师之间的衔接角色。负责协同平台的搭建,在平台上把BIM经理的管理意图通过BIM技术实现,负责软件和规范的培训、BIM模型构件库管理、模型审查、冲突协调等工作。BIM协调员还应协助BIM经理制订BIM执行计划,监督工作流程的实施,并协调整个项目团队的软硬件需求。

---

①臧亚威. 基于BIM的煤矿建设工程信息协同管理研究[D]. 中国矿业大学,2021:53-55.

上述三大类角色的权责在具体的 BIM 项目中可能会进一步细分。例如,BIM 经理可能会分为商务经理和项目经理,前者主要负责和委托者接洽沟通,后者主要负责领导和管理项目团队。BIM 设计师一般按照建筑设计的专业划分为建筑 BIM 设计师、结构 BIM 设计师、MEP BIM 设计师、幕墙 BIM 设计师等;BIM 协调员可能会分为 BIM 构件库管理员、协同平台管理员以及冲突协调员等。BIM 项目负责人可根据项目需要灵活分配每种角色的权责。

(四)工作分解

这个阶段的主要工作是预估具体设计工作的工作量,并分配给不同项目成员。例如,建筑、结构专业可按楼层划分 MEP,专业可按楼层划分,也可按系统划分。划分好具体工作,可作为制订项目进度计划以及后期产值分配的重要依据。

(五)建立协同工作平台

为保证各专业内和专业间 BIM 模型的无缝衔接和及时沟通,BIM 项目需要在一个统一的平台上完成。协同工作平台应具备的基本功能是信息管理和人员管理。

信息管理最重要的一个方面是信息的共享。所有项目相关信息应统一放在一个平台上管理使用。设计规范、任务书、图纸、文字说明等文件应当能够被有权限的项目参与人很方便地调用。BIM 设计传输的数据量比传统设计大很多,通常一个 BIM 模型文件有几百兆,如果没有一个统一的平台承载信息,设计的效率会非常低。信息管理的另一方面是信息安全。BIM 项目中很多信息是企业的核心技术,这些信息的外传会损害企业的核心竞争力。如 BIM 构件库这类需要专人花费大量时间和精力才能不断完善的技术成果,不能随意被复制给其他公司使用。既要信息共享,又要信息安全,这对协同平台的建立提出了较高的要求。

在人员管理上,要做到每个项目的参与人登录协同平台时都应进行身份认证,这个身份与其权限、操作记录等挂钩。通过协同平台,管理者应能够方便地控制每个项目参与者的权力和职责,监控其正在进行的操作,并可查看其操作的历史记录,从而实现对项目参与者的管控,保障 BIM 项目的顺利实施。

（六）BIM项目实施

前述工作基本都是为项目的执行做准备，准备工作多也是BIM项目的特点之一。BIM项目具体实施时，项目参与者要各司其职，通过建模、沟通、协调、修改，最终完成BIM模型。BIM模型的建立过程应根据其细化程度分阶段完成。北京地方标准（2013）把BIM模型深度划分为"几何信息"和"非几何信息"。两个信息维度，每个信息维度划分出五个等级区间。不同等级的BIM模型用在不同的设计阶段输出成果，完成了符合委托者要求的BIM模型之后，可基于该BIM模型输出二维图纸、效果图、三维电子文档和漫游动画等设计成果。

四、BIM实施过程中存在的障碍及解决方法

技术和管理等各个方面的困难普遍存在于BIM技术在工程项目的实际应用中，而基于BIM的协同设计在实施过程中的困难仅是其中一部分。在技术方面最突出的问题是软件工具功能的局限，在管理方面的主要问题是设计者和管理者对新的工作流程和方法的抵触。

（一）软件工具功能的局限

在我国，绝大多数BIM设计项目的参与者都曾指出，BIM相关软件的一些功能不能满足工程需要，主要表现：一是不能直接从BIM模型输出满足我国规范要求的二维工程图，二是BIM相关软件之间的信息流转不通畅。这两个问题也是目前基于BIM的协同设计流程实施在技术上的最大阻碍。

1.BIM模型出图问题

尽管主流的BIM核心建模软件全部能够根据BIM模型输出二维图纸，但这些软件全部都是国外产品，因此，其出图的思路、图纸表达方式和可实现的图纸细节通常与我国规范要求的工程图不符，导致即使包含大量信息的BIM模型往往也不能直接输出完全合规的工程图。所以，设计项目团队还需要对BIM模型输出的二维图进行二次加工，且无法完全实现BIM模型与图纸的联动。

为了解决BIM模型出图的问题，一些软件公司和设计单位进行了相关的软件开发工作，这些工作包括基于BIM核心建模软件出图功能的二次开发和独立的出图软件的开发。随着BIM软件使用者人数的增加和水平的提高，对出图功能的新需求不断出现，在这种快速增长的市场需求下，软件开

发者的开发力度也在逐年加大,从 BIM 模型直接输出的二维图纸正在逐渐趋于满足我国规范的要求。一线设计者在二次加工输出图纸上耗费的时间必然会越来越少。

另一方面,BIM 技术正在使全行业信息传递方式发生转变。当建筑工程各个环节的参与者都能够很好地掌握相关 BIM 技术,工作中信息的传递主要以 BIM 模型为主,二维图纸仅作为辅助参考时,监管部门必然会推行新的监管政策和法律法规。届时,对 BIM 模型的深度加工会成为设计者的主要工作,而二维图纸作为 BIM 模型的副产品,不会再消耗太多时间。

2.软件间信息流转问题

必须明确,不存在一款软件能够满足 BIM 设计项目中的所有功能。为了避免二次建模这类重复劳动,确保不同软件间的信息流转顺畅是 BIM 协同设计的必要条件。然而,目前几乎所有跨软件平台的模型导入或导出都会造成信息的丢失,这严重阻碍了 BIM 协同设计的效率。

与 BIM 模型出图一样,解决软件间信息流转问题的市场需求也是巨大的,有些新兴软件厂商为了抢占市场份额,正在不断开发各类 BIM 软件和专业软件之间的接口,以满足市场需求,为广大建筑工程设计者提高工作效率,节省时间。但就目前的情况而言,短期内还无法保证 BIM 协同设计的全过程信息流转顺畅。所以,BIM 设计在局部项目、局部专业、局部过程的应用将成为未来过渡期内的一种常态。

(二)设计者对 BIM 设计的抵触

设计师总是倾向于采用自己最熟悉的工具来表达自己的设计思想。由于传统设计方法已经实行了相当长的时间,况且建筑信息的三维显示方法与二维相比,也存在一定的短处,例如,显示中会存在一定盲区。再加上我国建筑设计工作者往往工作任务繁重,工作压力很大,所以,一线设计师和工程师或多或少都会面临设计思维和设计方法转型困难的问题。即使有一部分人积极主动地学习 BIM 技术,但学习应用 BIM 软件不可避免地会在一段时间内影响到个人及部门利益,并且一般情况下设计师无法获得相应的利益补偿,最终还是会影响其学习应用 BIM 的积极性。

为消减一线设计者对 BIM 技术的抵触,一些企业专门设立部门或团队培养掌握 BIM 技术的设计人才,使学习、研究和掌握 BIM 技术成为一线设计者在一段时间内的主要工作,通过组织学习,可较好地化解他们对 BIM 技术的抵触情绪。

(三)项目管理者对 BIM 设计的抵触

虽然设计企业从传统设计向 BIM 设计转型所需的短期成本较高,但对于相当一部分企业来说,可预见并可控的成本增加并不是阻碍转型的主要问题。转型的真正阻力是采用 BIM 技术同时转变设计手段和管理模式可能导致的项目失败风险。所以,有相当一部分项目管理者对基于 BIM 的协同设计方法持抵触态度。

在 BIM 应用大潮中,风险与机遇并存,设计企业不进则退。越来越多的业主和总承包单位都要求设计单位采用 BIM 技术。为了提高 BIM 设计的效率,协同设计又必不可少。由此可见,从传统设计方法到基于 BIM 的协同设计方法的转变是大势所趋,不可逆转的。管理者应该不断学习 BIM 协同设计先行者的经验,吸取其教训,先在小范围内探索尝试,逐步解决问题,改进管理手段,最终建立起适合于企业自身情况的 BIM 协同设计方法和流程。

基于 BIM 的协同设计应用前景如下。

第一,三维协同设计是企业提高 BIM 设计效率的必要手段,所有建筑设计企业向着基于 BIM 协同设计方向发展是必然趋势。

第二,就我国目前的应用形势来看,基于 BIM 协同设计还处于新兴技术成熟度曲线的第一阶段。

第三,以 BIM 培训、咨询、承接 BIM 设计项目为主要业务的企业在未来必然会经历爆发式的增长、激烈的竞争和淘汰。

第四,随着技术的发展和应用手段的日趋成熟,基于 BIM 协同设计的障碍会不断地被克服。其价值和潜力会逐渐被市场接受。建筑设计行业必定会逐步转向基于 BIM 的协同设计模式。

第四节 基于 BIM 技术的老旧小区节能改造的性能分析

目前在实际项目建设过程中,对项目的园林景观、日照、风环境、热环境、声环境等性能指标的分析,仍然以合规验算和定性分析为主要手段,而BIM 技术以其富含信息的多维建筑模型为上述建筑性能分析的普及应用提供了可能性。

一、项目景观分析

不论是商业地产项目还是住宅地产项目,环境景观是项目定位一个很重要的因素。电脑效果图的出现为地产开发项目带来巨大的影响,可以说,电脑效果图在项目的开发前期,尤其是在项目的营销阶段起到非常重要的作用,它是展示项目的一个最形象、最直观、最低成本的方法之一。但是,随着电脑效果图的普及,特别是将美化后的电脑效果图与真实的环境对比,人们对于电脑效果图的真实性也提出了更高的要求,不仅需要美感,也要真实。这个需求不仅来自业主客户,也来自开发商自己。

虽然电脑效果图可以制作得很美观,但缺少真实数据的支持。不可否认,当今电脑模拟真实世界的技术水平已经达到几乎乱真的境地,而且还将继续发展。好莱坞众多大片展现的电脑特效,已经可以乱真,但"逼真"与"真实"是有本质区别的。我们说电脑效果的真实性有两方面,一是效果表现逼真,二是与真实世界相符。例如,电脑模拟一个人可以达到很像人类,让你几乎看不出是电脑制作出来的,我们说这是表现逼真,但是,要电脑模拟这个人像某个真实世界的人,比如说你自己,就会有差异,至少目前电脑的技术水平还难以达到,这就是表现逼真但与真实世界有差异,这是电脑效果的真实度方面的局限性之一。

电脑效果的真实度方面的局限性之二,也是我们认为最重要的一点,即使电脑效果技术可以达到与真实世界已经无差异的境地。但是,它的表现还是只能以"点"来表现。例如,在项目区域,有一个价值比较高的景观,比如一座山、一条河、一片海,或是城市的某个地标性标志建筑,当然可以做一些电脑效果图来表现项目建成后与这些环境的融合效果,我们知道这是以视点的"点"来表现,我们还可以把这些"点"连串起来,也就形成了所谓的"动画",但这些都是以视点往景观方向看的结果,显然,如果我们要完整评估整个项目各个位置的视点的景观价值,这种方法工作量巨大,所以基于这种方法只能采用有限的"点"来表现,因此无法全面、科学地评估。

BIM 技术的应用,可以从另一角度,或者说是与电脑效果图的"视线"的反方向来进行分析,也就是说,我们把项目 BIM 模型与环境场景位置精确定位后,从价值比较高的景观反算出项目各位置。对于该景观的可视度,可根据需要,选择模型中任意的位置,准确地讲就是任意的面,通常这些面就是窗户、阳台等,经过软件分析计算,从而得出景观物体在这些面的景观可视度的数据,可以通过颜色、数值等多种不同的、直观的表现形式展现其景观可视度的情况。例如,把小区的戏水池作为景观物体,对于小区其中一栋住宅的主卧室的窗户进行分析,计算出某个单元的某个窗户在不同楼层对于戏水池的可视度。这样就可以比较全面地评估任意位置的景观可视度,从而为项目的整体评估提供较全面、科学的依据。

二、项目风环境分析

空气是人类赖以生存的必要条件,但随着城市化的发展,城市面积逐步扩大,城市人口不断增加,各种影响空气质量的排放也随即增多,汽车等废气排放给城市带来难以避免的空气污染问题。虽然政府及企业都在积极推行技术改造、节能减排,但短时间内还很难从根本上解决空气污染的问题。从大的城市环境来讲,空气质量问题是客观存在的,对于房地产开发来说,虽然大环境不好改变,但在客观存在的前提下,采用先进的分析手段,通过调整建筑设计的朝向、造型、自然通风组织等方法,充分利用大自然的风向流动,改善项目的风环境,减少空气龄的时间,从而提高空气质量,满足人们对健康环境的追求。此外,良好的自然通风,在南方夏季炎热的天气还带走建筑物的热量,减少冷负荷,达到一定的节能作用,这将在后面章节再详细讨论。[1]

提高空气质量一个重要的手段就是改善建筑物外环境的空气自然流动,减少室外空气龄的时间,因为只有外部空气质量改善了,才有条件提高室内的空气质量,否则,如果室外空气质量都不好,室内空气质量改善也就无从说起。

因此,在项目规划设计时,就要先进行项目环境的风环境分析。首先,把周边环境的基本体量模型建立起来,再加上项目本身的方案模型,根据当地的气象数据,进行风环境模拟分析,得出空气的流动形态,然后再进行设计调整。

风环境模拟分析的主要内容包括空气龄、风速和风压。

1.空气龄分析

空气龄分析主要是分析空气在某一点的停留时间,空气停留时间越长,

---

[1]安娜,王全杰.BIM建模基础[M].北京:北京理工大学出版社,2020:208-211.

说明空气流通就越差,通过计算模拟后,可以得出空气龄分布图。在空气龄分布图中,红颜色区域表示空气龄比较长,空气比较混浊,而蓝色区域表示空气龄比较短,空气质量相对较好。

对于住宅项目,通过对空气龄的分析,调整优化户型布局,可以提高其性能,从而提高项目品质和开发商销售效益。而对于大型公共商业项目,良好的自然通风设计可以减少机械强制通风所需的能耗,同时合理的通风空调设计可以提高人的舒适度,提高商业项目的品质。

2. 风速分析

风速分析主要是考虑两方面的因素。一是公共商业建筑室内通风空调区域的风速给人造成的不舒适;二是城市高楼集中区域,自然风受到高楼的阻挡在局部区域产生强风,从而导致行人行走困难,附近商店、广告牌被吹翻等问题,国外还出现过因高楼局部产生瞬间强风使行人受伤而导致民事诉讼。

夏季人体感觉比较舒适的风速在 0.5~1m/s,通常风速的允许极限是在10m/s,而风速在 14~17m/s 就会导致步行困难,按照中国气象报社 2010 年发布的数据,平均风速在 17.2~20.7m/s 为 8 级大风,可以折毁树枝,可对户外的商店摆设、广告牌等造成损坏。所以,通过项目环境的风速分析,避免高楼局部区域产生的强风,可以提高项目的品质,降低项目的风险。

3. 风压分析

项目环境的风压分析,与前面讲到的空气龄、风速是互相关联的,通常风速大,风压也大。风速大,空气流动快,空气龄就短。项目环境的风压分析,对于主要利用自然通风的住宅比较有用,尤其是在我国南方夏季气温较高地区,良好的自然通风是提高舒适度的基础,

对于自然通风的室内空气流动,主要是靠室内外空气压力差产生换气动力。所以,如果住宅在夏季季候风的迎风面上形成一定的风压,就会产生室内空气流动的动力,只要打开窗户,外边新鲜空气就能进入。当然,户型设计也很关键,如同上述的空气龄分析一样,良好的平面布局,合理的门窗位置,都是改善室内空气自然流通的关键因素。综合上述所讲的空气龄、风速、风压三个方面的分析模拟,项目设计就可以综合考虑项目的使用功能、景观视线、自然采光,空气自然流动的路线等因素,提高项目的品质。

三、项目环境噪声分析

安静是良好环境的一个重要条件,现代城市人白天工作紧张,家是最好的港湾,辛苦一天能睡个安稳觉是身心修复的最佳办法。然而随着城市建设的高速发展,建筑密度增大,道路行驶的汽车增多,城市噪声污染也随即增大。2008年8月19日,国家环保部颁布了新的《社会生活环境噪声排放标准》,明确规定医院病房、住宅卧室、宾馆客房等以休息睡眠为主、需要保证安静的环境,最高级别是夜间(22时至次日6时)噪声不得超过30分贝,白天(6时至22时)不得超过40分贝。当然,衡量噪声的分贝值对于大多数非专业人士来讲是一个抽象的数值。为了使读者能够有感性的认识,表5-3列举了音量分贝的类比。

表5-3音量分贝类比表

130分贝	喷射机起飞声音
110分贝	螺旋桨飞机起飞声音
105分贝	永久损伤听觉
100分贝	气压钻机声音
90分贝	嘈杂酒吧环境声音
85分贝	不会破坏耳蜗内的毛细胞
80分贝	嘈杂的办公室
75分贝	人体耳朵舒适度上限
70分贝	街道环境声音
50分贝	正常交谈声音
20分贝	窃窃私语

项目环境噪声分析。就是把项目周边已存在的、我们无法改变的现状,诸如道路、人群活动比较多的广场、娱乐场所等产生噪声比较大的噪声源放入项目模型中进行分析模拟。

通过分析模拟,对受噪声影响比较严重的户型,选择双层玻璃、隔音楼板和隔声墙体、吸音材料、调整窗户方向避免噪声直线传播等措施,以及增加挡音墙、种植隔音效果较好的树木等,以改善整体项目噪声环境。

四、项目环境温度分析

人体对于空气的温度是比较敏感的,人感受舒适的温度还与湿度、风等要素有关,我国的设计规范要求室内温度夏季在24℃～26℃,冬季在16℃～20℃。然而我们都知道,如果要采用非自然的保温措施,是需要消耗大量能源的。2010年10月28日,中国建设报在《我国的建筑能耗现状与趋势》中提道:"我国北方城镇采暖能耗占全国建筑总能耗的36%,为建筑能源消耗的最大组成部分。我国单位面积采暖平均能耗折合标准煤为20kg/m²年,为北欧等同纬度条件下建筑采暖能耗的2～4倍。能耗高的主要原因有三个:一是围护结构保温不良。二是供热系统效率不高,各输配环节热量损失严重。三是热源效率不高。由于大量小型燃煤锅炉效率低下,热源目前的平均节能潜力为15%～20%。"

因此,良好的建筑围护结构保温,是节省能耗的一个重要措施。在夏天制冷时,我们把室内温度设定为每升高1℃,能耗可减少8%～10%。对于南方需要空调降温时间比较长的地区,如果自然通风环境良好,就可以减少空调制冷时间,同时,如果室外自然温度较低时,室内制冷的能耗也相应下降。

项目环境温度分析,主要有两项工作:一是项目区域的温度分析;二是室内温度分析。通过建立项目区域BIM模型,结合相关气候数据属性,分析模拟出项目区域的热环境情况。根据分析结果,调整环境设计,比如调整建筑物布局,改善自然通风路线,增加水景、绿化等措施,以降低局部区域温度。

由于目前建筑设计在采暖、制冷的设计计算时,主要考虑建筑自身的设计和计算,对于建筑外部空间的热环境分析是很少顾及的。而实际上外部空间的热环境对室内温度的影响是很大的,尤其是南方夏季温度较高地区。生活体验也都告诉我们,如果室外通风良好,绿化、水景较多,感觉就凉爽一些。因此,项目区域的温度分析,是保障项目整体环境的一个重要手段。

对于室内温度分析,我们在BIM模型里,加入建筑围护结构的热特征值,诸如导热系数、比热、热扩散率、热容量、密度等数据,除了通常的冷热负荷计算,也就是室内设定的温度范围,冬季的供暖和夏季的制冷最大值计算外,还要进行全年的室内温度分析,优化室内温度的设定值,继而优化供暖和制冷系统,在满足舒适度的前提下减少能耗,节约使用成本。

第五节 基于BIM技术的老旧小区节能改造的工程算量

传统建筑结构设计中都是以CAD软件进行绘图,该方法很难将建筑结构的详细信息展示给不同用户。BIM技术在建筑结构设计初期阶段便通过建立建筑结构的三维数字模型,来帮助各层次用户通过直观的角度对建筑构件信息、功能布局有一个准确的认识与了解。很多大型建筑工程结构设计中利用BIM技术来对其整体结构进行动态演示,帮助用户利用直观的角度对建筑结构的各项参数进行观测,从而帮助设计单位选取最佳的设计方案,并且可以及时发现建筑结构设计中的质量缺陷与设计缺陷,对进一步提高建筑结构设计的整体质量有着重要意义。

但目前结构工程师接受和应用BIM技术的深度和广度远远低于建筑师。其主要原因在于目前BIM技术在3D物理模型与结构分析模型的双向链接方面还有许多有待解决的技术问题。Revit物理模型与结构分析模型的链接障碍是数据转换的难点之一,要实现"无缝"数据转换,需要有成熟的转换标准或数据接口。结构设计中的结构力学性能分析与配筋设计带来的数据转换等问题极大地影响了BIM技术在结构设计中的应用与推广。

BIM技术中的数据转换一般包含三种形式:直接转换、中间文件转换、公共转换标准。目前,BIM软件与结构设计软件之间多以中间文件和公共转换标准IFC实现数据转换。在理论上,IFC标准基本满足结构设计的数据需求。但实际应用中,在不同的软件间进行IFC文件互相转换时,各大软件商都使用自己的数据库与其显示平台进行对接,由于数据库并未按照IFC标准的格式构建,不可避免地出现IFC文件输入、输出时造成信息缺失与错误等结果;基于IFC的数据转换在真正运用于工程实践之前,尚需要进一步的发展。

一、构建基于BIM的结构设计企业标准

设计阶段是整个工程建设过程的起始阶段,也是建设项目从无到有的创造性阶段,设计质量的优劣决定着建设项目的安全性、适用性和经济性。设计阶段的BIM标准对设计师采用BIM技术进行设计工作起到指导和示范作用,可帮助设计师转变设计方法,提高设计效率和设计质量,为BIM实施提供一个标准的建筑信息模型文件,实现BIM模型的共享性、信息的连续

性,为整个项目的协同交付提供基础。

企业实施 BIM 规划时,宜从单项 BIM 专业应用入手,先选择几个关键的 BIM 应用点,实现 BIM 应用的单项突破,再通过建立 BIM 试点项目的方式,逐步扩展到多阶段、多专业的集成应用,不断积累和总结实施经验,最终建立起适合企业自身需要的 BIM 技术解决方案和协同工作平台。[①]

(一)适用范围

民用建筑结构设计的企业标准的构建,是结构工程师采用 BIM 技术进行结构设计的前提和明确的指导文件。该标准应适用于新建、改建、扩建的民用建筑中的 BIM 设计,应符合国家和地方相关标准及设计规范的要求,并结合公司现行的 ISD 质量管理文件使用。

标准中的功能术语主要参考 Autodesk Revit 及 Autodesk 系列平台。

(二)BIM 执行计划

在具体选择某个建设项目实施 BIM 应用之前,首先应确定项目的 BIM 目标,这些 BIM 目标必须是具体的、可测量的,并且能够促进建设项目的规划、设计、施工和运营成功进行。在 BIM 设计阶段实施过程中,为有效应用 BIM,项目组应当在项目的初期制订一个 BIM 设计阶段执行计划。该计划包含项目组在整个项目过程中需要达到的整体目标和要遵循的实施细节。计划应在项目的开始阶段就要明确下来,以便项目团队能尽快适应项目。确定 BIM 实施目标、选择合适的 BIM 应用,是 BIM 实施策划制订过程中最重要的工作。

BIM 设计阶段执行计划有利于业主和项目团队记录达成一致的 BIM 说明书、模型深度和 BIM 项目流程。设计合同应当参考 BIM 设计阶段执行计划确定项目团队在提供 BIM 成果中的角色和职责。明确各阶段设计的责任,需要哪些模型信息,需要多少信息都要有明确的界定,各专业之间需要以何种形式和成熟度的模型交互数据也应有明确的规定。

(三)结构专业 BIM 设计常用工具

结构设计常用工具:美国欧特克软件(中国)有限公司的 Revit Structure. Auto CAD. 美国 Robert MeNeel&Associates 公司的 Rhinocerms。

计算分析常用工具:中国建筑科学研究院建研科技股份有限公司设计

---

①赵雪锋.BIM导论[M].武汉:武汉大学出版社,2017:45-49

软件事业部的PKPM、中国盈建科公司的YJK、美国CSI公司的ETABS。

辅助计算分析常用工具：美国CSI公司的SAP2000、韩国迈达斯技术有限公司的MIDAS Building&MIDAS Gen。

高级有限元分析常用工具：法国达索SIMULIA公司的ABAQUS、美国ANSYS公司的ANSYS。

模型整合常用工具：美国欧特克软件(中国)有限公司的Navisworks。

(四)结构专业BIM设计基本原则

第一，结构2D平面布置图应与Revit的3D模型相关联，不应与Revit 3D模型脱离，所生成的图纸始终与模型逻辑相关，当模型发生变化时，与之关联的图形和标注将自动更新。

第二，结构专业3D模型应与建筑、设备等相关专业协同工作。

第三，结构专业BIM模型应作为设计的主模型，与计算分析的有限元模型一致。

第四，BIM结构专业负责人定期管理中心文件，保证对外模型的及时更新。

第五，BIM模型结构构件的标注信息应采用"参数共享"的方法与构件几何尺寸相关联，并能出现在明细表中。

第六，分析模型中对构件的修改宜采用仅将修改构件数据返回BIM模型，不宜将计算模型全部返回BIM模型。

第七，当模型不作为分析用途时宜不启用构件的分析模型选项。

第八，对于空间布置的构件(起终点标高不同)，建模时应统一使用"起终点标高偏移"或"轴偏移值"构件，不宜混合使用。

第九，BIM模型坐标未经同意不得修改。

第十，不同尺寸结构构件应采用不同的着色，当视图切换到着色效果时，应能清晰地区分构件分布。

(五)结构设计中BIM技术的应用流程

1.构建整体结构模型

在建筑结构设计中应用BIM技术，能够构建完善的建筑整体结构模型，对建筑结构中的梁、板、柱、楼梯以及基础等构件进行详细描述。以墙体结构构件为例：(1)定义建筑实体；(2)利用集合关联实体进行楼层实体和建筑实体的关联；(3)进行墙体实体的定义，并且利用空间结构关联实体，完成楼层实体与墙体实体的关联。

2.构建部分结构模型

BIM 模型中有建造信息、力学性能、成本、材料、几何等多种属性,以下以墙体为例定义关联关系,在建筑模型中定义构件的多层材料。墙体主要由内墙面砖、结构层、隔热层、外墙面砖四部分组成,在模型构建过程中,应该注意以下几点:(1)要对材料属性进行定义;(2)利用材料层集合使用实体、材料层集合实体、材料分层实体等进行材料模型的定义;(3)利用材料关联实体进行墙体材料与墙体的关联。

3.构建关联性结构模型

在建筑结构设计中,应该加强各个体之间的关联,通常情况下,通过构建 BIM 模型,可以将建筑对称性关联与非对称性关联进行准确或直观的反应。

第一,非对称性关联通常指两实体存在主从关系,依据修改主实体改变实体,而且不会对主实体的本质予以改变。以洞口和墙体为例,其中洞口依存墙体实体,删除墙体也会删除洞口,但是删除洞口却不会删除墙体,仅仅断开二者之间的关联关系,利用洞口关联实体从而进行洞口实体与墙体实体关联的建立。

第二,对称性关联通常指两实体存在对等关系,任何实体的改变都会影响另一实体的改变。比如柱、梁关联,梁实体与柱实体利用构件结构实现关联,调整梁实体时,与其关联的柱实体也会随之发生相应的调整,从而修改柱的关联,反之亦是如此。

(六)专业协同设计

建筑信息模型允许不同专业、不同设计者在同一个模型中添加、修改、存储不同的建筑信息,而且保持模型的实时更新和统一性。在协同设计之前使用 Revit 中的"共享坐标"工具,定义项目中某一点的真实坐标,并将其发布到所有链接的模型,采用"通过共享坐标"插入方法链接其他子模型,同时应正确建立"正北"和"项目北"之间的关系。

专业之间宜采用"文件链接(link)"的方式进行 BIM 设计协同。该方式不存在图元借用和中心模型的概念,属离散型协同设计,通常不存在跨专业修改,更多的是相互参照。该方法可以在协同的基础上将专业间干扰降至最低。

专业内部宜采用"工作集（Worksel）"方式进行BIM设计协同。该方式存在图元借用和中心模型等紧密型的协同设计，适用于专业内部协同设计。由于采用中心模型，不同设计师均在本地模型操作属于自己权限的构件，然后再与中心模型同步更新。该方法只有中心模型是可以完整编辑的模型，中心模型的管理机制和操作权限非常重要，如果管理不善很可能导致模型崩溃。采用"工作集（Workset）"方式进行BIM设计协同时，在副本创建后，绝不可直接打开或编辑"中心"文件。所有要进行的操作都可以通过也必须通过本地文件来执行。

（七）设计深度

基于BIM的建筑设计采用方案设计、初步设计、施工图设计三个阶段进行，各专业模型深度、图纸深度应能满足各设计阶段的要求。不同项目阶段所建模型各不相同，在应用上有性能分析、算量造价、施工模拟、性能测试、碰撞检测等。为了避免模型应用功能的缺失，确保模型成果成功交付使用，应对BIM模型的详细程度划分等级，图纸深度应满足《建筑工程设计文件编制深度规定》的要求。BIM模型深度应满足国家、地方现行标准的模型深度要求。

（八）模型管理

BIM作为一项建筑工程项目管理的新技术，在引进和使用之前，应很好地把握住其可能存在的风险，尽量做到未雨绸缪、防患于未然。结构专业的模型均应有专业负责人统一管理，模型的设计、维护、变更修改均由BIM设计师负责。

项目开始前，BIM经理应统一BIM设计模型使用的软件及版本，统一模型存放位置，统一不同用途模型、族的命名规则，统一与模型相关的设计文件、资料的存放位置，统一图层标准，规定模型文件的更新时间。确定项目集成模型的管理者，确定专业内部"中心模型"的操作权限和管理者，确定"本地模型"的管理者。

BIM项目集成模型应由项目BIM经理统一对外发布，BIM专业模型应由BIM专业负责人统一向各协同专业发布。BIM专业负责人应统一管理由模型产生的图纸，包括图纸深度、图纸是否符合设计规范要求、图纸格式等。模型交付校审前，BIM专业负责人应进行模型、图纸的完整性和设计合理性、正确性检查。设计模型的修改应从最底层开始，保证模型修改的唯一性,修改后的设计模型应按修改日期进行存档。

在 Revit 中,对项目具有唯一性的系统参数应统一,如"项目地点""位置""坐标"等。用户采自定义参数时,宜采用"共享参数"或"项目参数"。对于用户自定义的"共享参数""项目参数",各专业应在项目开始前统一规划,参数名称不得重名,参数需具有唯一性,一旦项目开始不宜再修改参数属性。对于用户自定义的参数,各BIM专业负责人应统一规划、管理。自定义参数的种类及命名详见各专业细则。

BIM 软件良好的适用性能与导入性能是 BIM 实施的关键。在设计过程中应统一 BIM 工作中心软件的版本,且不得在设计过程中进行版本升级,避免发生因软件版本的变更而产生的协同设计不连续。同时应特别注意,Revit 系列软件目前还不能将高版本转存为低版本。如果发生版本升级的情况,应保留原版本的模型文件和原版本的软件,原版本文件应存放在独立的文件夹,以便查阅。

(九)数据交换

应了解目标软件、硬件系统的要求和限制,以便能够恰当地准备需要交换的BIM数据。

为了确保不同软件之间数据交互的一致性,要求 BIM 软件在应用时必须能够输入输出以及可选等级的全部构件属性。应以输入软件能接受的形式输出结果,使得他人能够便捷地处理文件中的数据。

当模型数据不能直接转换成输入软件所需要的格式时,可采用第三方软件进行辅助,但应特别注意格式转换过程中数据的完整性。

目前,BIM 采用 IFC 标准作为建筑产品的数据交换标准,不同软件之间通过 IFC 标准交换数据,研究表明,基于 IFC 标准的建筑模型与结构模型之间的信息传递和共享还不十分成熟。数据输入软件使用前应使用副本数据进行测试,检验不同软件、硬件系统之间的数据交换方式,以确保交换过程能保持数据的完整性。

BIM 技术中的数据转换一般包含三种形式:直接转换、中间文件转换、公共转换标准。建模过程中应预先考虑可能与之产生数据互换的软件特点,根据需求建立模型。如有些计算软件对弧形构件的识别能力不足,需要设计师在工作模型中将弧形构件划分成若干个直线构件。

数据交互完成后的模型应由 BIM 设计师自行检查模型信息的完整性,

以确保在交互后的模型能正常使用。

（十）设计成果交付

在企业级BIM实施过程中,应根据BIM交付的目的和交付物的用途,来确定具体的交付内容。BIM模型交付物交付时,如无特殊情况应将外部链接文件绑定后交付,当需要有外部引用时,应将外部引用文件链接并交付,防止模型文件数据缺失。设计交付成果采用BIM技术,不仅可以准确传递结构工程师的设计意图,同时施工单位的工程师也可以全面地分享建筑的各项数据,避免了重复建模的负担,设计人员更可以通过变更建筑信息模型快速地完成设计变更,以减小设计变更对工期成本的影响。设计成果的交付流程应符合ISO质量控制标准的要求。BIM设计成果当采用电子版代替蓝图交付时,应符合国家及地方的相关规定。设计成果交付统一由BIM经理负责。

二、基于BIM的建筑结构设计

BIM技术的基础是建筑全生命周期过程中的信息共享和转换。结构设计作为建筑物设计中的重要环节,BIM技术在结构设计中的应用成熟度对信息共享的实现有着重要的影响。与BIM技术在建筑设计中相对成熟的应用相比,结构设计中的结构力学性能分析与配筋设计带来的数据转换等问题极大地影响了BIM技术在结构设计中的应用与推广。目前结构工程师接受和应用BIM技术的深度远远低于建筑师,其主要原因在于目前BIM技术在3D物理模型与结构分析模型的双向链接方面还有许多有待解决的技术问题。

（一）BIM技术在结构设计中应用的难点

结构工程师目前主流的设计方式是利用有限元结构分析软件进行结构建模计算和结构整体空间受力和变形分析,然后另外利用CAD绘图工具来绘制传统的CAD施工图。基于BIM技术的结构设计方式是工程师将物理模型发送到结构分析软件中的分析程序进行分析计算后,再返回设计信息,动态更新物理模型和施工图。BIM技术就结构设计本身而言,其基本理念就是要达到结构计算分析和施工图两者相互统一或者说实现两者间的无缝链接。

结构工程师在搭建BIM模型时,除了关心物理模型能否自动生成CAD

施工图以外,同时也关心物理模型能否自动转化为可以被第三方结构分析软件认可的结构分析模型。毕竟结构的安全性分析计算是结构设计的首要环节和重要问题。由于结构分析模型中包括了大量结构分析所要求的各种信息,如材料的力学特性、单元截面特性、荷载、荷载组合、支座条件等。所以结构工程师的BIM模型就会因繁多的参数而异常复杂。

BIM技术是完全的数据库式模型,理论上说,实现BIM物理模型与结构分析模型、物理模型与CAD施工图之间的双向链接是完全可行的。很多BIM工具软件也将自己可以实现与通用的结构分析软件双向无缝链接作为其功能特色来宣传。但在具体的应用中,所谓的双向无缝链接是有条件的,即BIM物理模型中采用的构件(单元或族)必须是比较简单或常用的常规标准件。如果构件的形式复杂或异形,在链接到结构分析软件时就会丢失很多数据。

所以,在BIM技术应用到结构设计的过程中,物理模型与结构分析模型双向无缝链接问题是影响结构工程师接纳BIM技术的一大障碍。

在搭建BIM物理模型时,可以随意定义一根构件的形状和断面。构件截面可以是异形的,截面的大小沿着构件长向也是变化多样的,例如图5-3所示之钢结构节点。

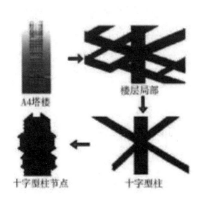

图5-3 钢结构节点

这个构件在BIM物理模型中是一个独立的单元,但这样的单元在目前以杆单元和壳单元为基本刚度单元的结构分析软件中,大都还没有等效的单元力学模型与之对应。

目前常用的结构分析软件在截面类型的多样性方面基本实现了可以随

意变化,但这仅限于截面2D平面内尺寸的变化,在3D方向(沿着构件长向)的截面变化,目前涉及处理这种较复杂变化的结构分析软件还很少,能处理的对象也相对简单。因此解决好物理模型与结构分析模型的链接,一方面要求BIM工具软件具有将复杂实体构件单元简化为可以被通用分析软件认可的计算模型的构件单元的规则,另一方面,也要求结构分析软件为适应BIM技术,应增加杆单元类型和截面变化的类型。

(二)当前结构分析软件处理变截面的方法

1.单元分段法

这是目前所有的结构分析软件处理变截面结构构件的方法,其主要是采用增加节点来将构件分段,每段就变成或可以视作等截面单元。该方法对于处理截面突变是很合适的,但处理渐变截面就不太好。另外,该方法将一个结构构件用断点拆分成多个单元,与BIM物理模型中独立的构件定义不能匹配。

2.线性渐变截面单元法

目前比较多的结构分析软件(例如PKPM)可以处理构件两端截面不等高或不等宽的情况,构件截面的变化从一端到另一端是线性变化的。

线性渐变截面单元主要是采用了变截面的结构杆单元,可以处理简单的结构构件变截面问题。其优点是可以将变截面构件处理成单个的单元,可以很好地与BIM物理模型链接。其不足是多数软件仅可以处理一次线性变截面(仅限变截面高度或宽度)。

3.单元分节法

该方法采用在单元内部引入变截面位置及与之对应的截面几何尺寸参数,来定义复杂的变截面单元。单元可以内插多个节点来模拟复杂杆件的实际变化,但杆件依旧是一个独立的单元。

该方法可以处理弯曲刚度沿杆件长向复杂变化的变截面结构构件。弯曲刚度沿杆长向的变化可以是一次线性、二次抛物线或三次曲线。轴向刚度、剪切刚度、质量、重量属性沿长度线性变化截面属性也可以突变。

该方法处理变截面时,复杂变截面构件是独立的单元,因此可以很好地与BIM物理模型中的单元体匹配。目前为中国用户熟悉的结构分析软件ETABS.SAP2000就是采用这种方法来处理构件复杂变截面的。其主要是采用了"对象"概念来完全定义实际构件工程运行分析时,自动将基于对象的模型转换为基于单元的模型来进行分析。单元分节法定义复杂的变截面单元的手法就是参数化单元,与 BIM 参数化建模的理念是一致的,是结构分析软件的发展方向。

(三)创建本工程 BIM 结构模型技术处理方法

现代建筑,尤其是公共建筑,为了实现建筑师的宽阔空间的设计理念,同时又不希望因为大跨度结构所要求的结构高度影响建筑使用净空的要求,结构工程师一般会采用异形变截面组合钢梁作为本工程的楼盖体系的方案。

建筑造型为了达到独特视觉效果,往往会要求结构外框斜柱,这就导致结构构件梁的形式变得很复杂,主要表现为建筑可能不存在真正的结构标准层,且同层中完全一样的标准化构件也很少。基于以上现代建筑的结构特点,创建其 BIM 物理模型的关键是设计一个通用、灵活、可操作的 BIM 智能构件。

第一,找出异形构件的截面变化特点及其在结构平面图中的布置规律性和特殊性,据此来确定定义 BIM 智能构件所要求的参数,并规划好各参数的参数类型(即实例参数或类型参数,其含义参考 Revit 用户手册)。比如,将梁跨度、变截面的位置、梁上洞口的位置等参数定义为"实例"参数;而将截面尺寸、洞口尺寸、截面变化细部尺寸等参数定义为"类型"参数。

第二,分析智能构件各参数的几何意义,来确定各几何参数的参照平面或参照线。比如,变截面梁的变截面位置的定义 Crank_R/crank.L.梁上洞口的定位及洞口间距的定位参数 Openingl-L/Opening2-1 等。

第三,要分析智能构件各参数之间的相互关系,以及各参变量的物理特性(设计规范对其的限定),应将部分参数设定为被动参数。比如,钢梁上洞口的最大高度设定为梁截面高度的一半,洞口的最小净距离要大于或等于梁高等。

第四,要参考所采用的第三方结构分析软件对异形变截面的定义方法。BIM 智能构件族的参数名称和意义尽量与结构分析软件对异形变截面的定义一致,方便自己借助宏程序,实现异形变截面构件在两种模型间互相转换。虽然目前还不能完全实现无缝链接,但可以为将来项目的无缝链接提前做好准备。

Revit创建了与实际完全相符的结构物理模型,但在导出结构分析模型时,往往会遇到问题。比如,由于异形构件在Revit中是一个构件,导出的分析模型中只有两端节点,且BIM模型中的异形构件截面特性信息丢失,仅处理为等截面构件;另外,多构件交会处,会因BIM模型中构件的偏心而导致交汇处出现多个节点等。

这些问题需要在分析软件中对分析模型进行人工干预和调整,包括增加构件中间节点、重新定义截面特性、节点合并处理等,才可以保证分析模型能正常运算。而且,经过处理的分析模型就不能再与物理模型实现同步链接更新了。

三、基于BIM的建筑结构设计模型集成框架

由于建筑和结构两个设计阶段是工程整个设计过程的中心,如何实现建筑和结构专业信息的有效集成,已经成为工程设计模型集成框架开发的核心问题。

基于BIM的建筑结构设计模型集成框架可在国内应用广泛的PKPM系列软件平台下,通过建筑模型信息与结构模型信息的转换,首先实现建筑和结构设计信息的集成和共享。其中,转换的建筑模型是基于IFC格式,结构模型是基于PKPM中的PMCAD格式。

(一)建筑结构模型的复杂性

1.基本对象表达的区别

由于专业不同,建筑模型和结构模型对同一建筑对象的信息表达侧重点也有区别。建筑模型着重于表达建筑产品的各个基本对象(墙、柱、梁、板等)的空间拓扑关系、空间分配关系、外观真实表现等;结构模型侧重于从力学角度对建筑产品和建筑对象以及各对象之间的连接关系进行分析和计算,以便确定基本对象以及整个建筑的承载能力。

图5-4为开有门和窗的一段墙体,对于建筑模型来说,需要表达的信息有:(1)门或窗的宽度、高度、类型等信息;(2)墙的类型、宽度、高度、长度、面积、开洞的数量、洞口面积等。对于结构模型来说,需要表达的信息有墙截面的高度和宽度、墙材料类型、受力钢筋和分布钢筋的数量,墙梁布置方式、施工方法等。从这个实例可见,由于专业不同,所关注的信息也不同。

图5-4　基本对象信息的不同表达

对于建筑对象之间节点信息的表达，比如图5-5的梁柱节点和梁板节点，在建筑模型中，梁和柱、板和梁是分开表达的不同对象，只是组合在一起而已，组合的方法等信息不重要，而在结构模型中，梁柱节点、梁板节点被视为共同承受不同方向荷载的协同工作区，从而是一个整体单元。

尽管建筑模型和结构模型之间在信息表达上存在一定的差异，但结构模型的形成却是建立在建筑模型基础之上、从建筑模型演化而来的计算模型。通过集成建筑模型中的结构信息，使得结构设计师可以随时访问这些数据，从而形成结构分析模型。

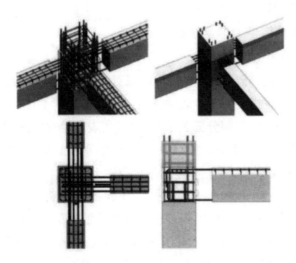

图5-5　节点信息的不同表达

2.模型数据构建的反复

图5-6表示各个设计阶段的数据信息的传输和流动。建筑模型居于顶

端的支配地位,由其产生的数据信息分别被结构设计、节能设计、水暖电等其他设计所继承和提取;然后,节能设计、水暖电等其他设计阶段又继承和提取结构模型产生的数据信息,对建筑进行二次建模设计。整个建筑工程的设计过程就是这样反反复复,直至达到设计要求。

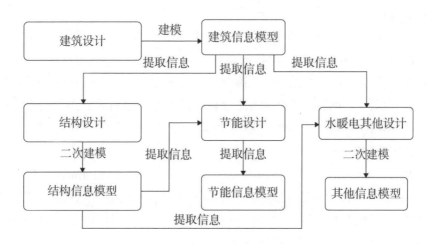

图5-6 模型数据传输的反复

(二)建筑结构信息模型ASIM集成框架

1.ASIM上层模型流程设计

通过基于DXF(drawing exchange for mat绘图交换文件)的建筑设计软件(比如AutoCAD),或基于BIM的建筑设计软件(比如Autodesk的Rerit,Bentley的Architecture,Graphisoft的ArchiCAD等),对建筑产品进行设计,并基于IFC标准数据模型格式表达建筑对象,不仅包含基本的绘图信息,还应包含建筑对象的材料、造价等方面的信息,形成完整的建筑产品数据模型。

应用开发接口(模型信息转换平台)为模型转换的中间环节,通过程序语言(C++或FORTRAN)解析IFC标准的EXPRESS语言表达类,提取建筑基本对象(构件)信息以及对象之间拓扑关系信息,在PKPM图形显示平台CFC上显示提取的建筑对象,并形成结构模型;根据相关的结构设计软件(比如AutoCAD或PMCAD)对提取的模型进行修改和荷载布置,并使用相关的结构分析软件(①SATWEO,②ABAQUS,③SAP2000,④ETABS等),在遵循结构规范的基础上,对结构模型进行分析、计算等,设计工作后续的模型数据库用于存储、更新和管理建筑结构设计阶段的数据信息,并为下游的工作提取和利用。建筑产品模型和结构分析模型之间的联系通道是双向的,表明其间的工作是反复的和不断更新的。

第一,SATWE 是中国建筑科学研究院 PKPM CAD 工程部应现代高层建筑发展的要求,专门为高层结构分析与设计面开发的基于壳元理论的三维组合结构有限元分析软件。

第二,ABAQUS 是一套功能强大的工程模拟的有限元分析软件,包括一个丰富的、可模拟任意几何形状的单元库,并拥有各种类型的材料模型库,可以模拟典型工程材料的性能,其中包括金属、橡胶、高分子材料、复合材料、钢筋混凝土、可压缩超弹性泡沫材料以及土壤和岩石等。作为通用的模拟工具,ABAQUS 除了能解决大量结构(应力/位移)问题外,还可以模拟其他工程领域的许多问题,

第三,SAP2000 工程序是由 Elwarls Wilson 创始的 SAP(structure analysis program)系列程序发展而来的,至今已经有许多版本面世。SAP2000 提供了多种建模、分析和设计选项,且完全在一个集成的图形界面内实现,SAP2000 已经被证实是最具集成化、高效率和实用的通用结构软件。

第四,ETABS 是由 CSI 公司开发研制的房屋建筑结构分析与设计软件,已有近几十年的发展历史,是美国乃至全球公认的高层结构计算程序,在世界范围内广泛应用,是房屋建筑结构分析与设计软件的业界标准。ETABS 已经成为一个建筑结构分析与设计的集成化环境系统,其利用图形化的用户界面来建立一个建筑结构的实体模型对象,通过先进的有限元模型和自定义标准规范接口技术来进行结构分析与设计,实现了精确的计算分析过程和用户可自定义的(选择不同国家和地区)设计规范来进行结构设计工作。

2.ASIM 集成框架

结合上述建筑结构建模流程特点,对建筑结构信息模型 ASIM 集成框架体系进行构建。

ASIM 是主要面向建筑设计和结构设计过程的 BIM 信息子模型,除了继承一般 BIM 信息模型的特点,诸如建筑对象的参数化表达、建筑对象之间的关联性、信息转换的一致性等,还具有阶段性、可扩展性、兼容性三个特征。阶段性是指目前的功能仅可以实现建筑和结构设计阶段的信息集成,未来

的扩展将包含节能、设备等其他设计阶段;可扩展性是指通过模型信息转换平台提取形成 PMCAD 格式结构模型,并形成底层建筑基本数据信息,其他下游设计专业在 PKPM 平台下可以提取所需信息,形成各自专业的数据模型,不再重复开发或构建与 IFC 格式建筑模型连接的单独通道,并通过信息的不断积累,整个 ASIM 框架可以扩展为覆盖范围更广、涉及阶段更长的基于 BIM 技术的信息子模型;兼容性是指 ASIM 的建立可以在建筑生命周期多个阶段被应用和扩展,比如,其建立的建筑基本对象(构件)数据信息不仅包含对象的几何信息,也包含对象之间的空间几何拓扑关系、造价和材料信息等,可以为建筑节能设计、施工管理、运营维护各阶段提取和应用。也就是说,基于 ASIM 框架的各阶段子模型可以兼容并用。

(三)ASIM 信息转换平台

1.转换平台开发流程

在 ASIM 集成框架体系中,模型信息转换平台对于整个体系的顺利运转起着重要的作用。模型信息转换平台(或称为数据信息应用开发接口)通过对建筑模型的底层建筑基本对象(梁、柱、板、墙、洞等)及其关系属性信息的提取和映射,为其他过程模型的发展构建了底层数据信息。因此,开发一个高效的信息转换平台或软件接口,对于 ASIM 各过程顺利地运转起着决定性的作用。转换平台的开发思路是在 VisualC+ +环境下,创建与 IFC 标准最新版本 EXPRESS 实体类一致的,包含结构荷载描述的 100 多个 C+ +类,并为每一个类编写 Add()函数、转换功能函数、Construct()函数等;在 Visual Fottan 环境下,编写 main()主函数,实现转换平台主程序的执行功能。Add()函数作用是将 IFC 文件中的实例读入到内存,并将 IFC 文件数据流中的字符解析为类所能理解的临时参数。Construet()函数则是按照临时参数的索引,提取内存中与对象相对应的地址,并分别赋予属性值。

2.模型信息转换实例

当前的模型信息转换平台是结合国内结构分析软件 PKPM 系列的 PMCAD 结构建模软件开发的,初步目标是实现 IFC 标准建筑模型与结构模型的信息转换。具体来说,可以实现两方面信息的转换:一是读入 IFC 数据信息,形成 PMCAD 结构分析模型;二是读出 PMCAD 的数据信息,形成 IFC 格式的工程文件。由于 IFC 数据模型描述的复杂性,其中第一方面信息的转换为平台开发的重点,主要分为四个过程:(1)识别并读取 IFC 格式文件中梁、柱、斜杆、板、墙等基本对象信息以及墙上门、窗等洞口的几何信息、三维空间位置坐标信息、材料信息等;(2)判断梁、柱、斜杆、板、墙以及墙上的门、窗等洞口楼层所属关系的信息;(3)分析并判断梁、柱、斜杆、板、墙以及墙上的门、窗等洞口的连接关系;(4)对象之间的相交分析和节点归并简化处理。

通过分析建筑信息模型BIM技术的信息集成过程和特征,可以构建一种面向工程设计阶段的建筑结构信息模型ASIM体系,分别对ASIM体系的运转流程和上层模型(建筑和结构)建模流程进行设计,通过基于ASIM模型信息转换平台,转换建筑结构设计模型,可以为基于BIM的协同设计和集成建筑工程软件的开发提供技术支持。

第六节 基于BIM技术的老旧小区节能改造的管线综合

基于BIM技术的管线综合是在BIM三维建筑设计的基础之上对机电专业的管线与桥架进行走向优化、标高调整以及碰撞检查。引入建筑信息模型的概念,设计师可以通过功能强大的三维设计软件在计算机中搭建与实际工程1:1的建筑模型,并且通过各专业协同功能,可以让不同专业的设计师更全面地获取相关专业的信息,更完整地获取其他设计师的设计意图。由于建筑信息模型的使用,可以充分避免传统二维设计中不同设计师间信息传递的缺失与误解,从而在设计中解决了许多以前只有在工地施工中才能碰到的问题,极大地提高了设计与施工的质量。

一、传统管线综合的问题及BIM的优势

传统方式管线综合是采取二维图纸方式进行的,对于越来越复杂的建筑管线系统常常交织在一起,各专业设计师在进行本专业的管线设计时,往往不太考虑其他专业管线的排布,有时还会与结构打架,在施工时产生很多设计变更,对施工企业的施工造成很多麻烦,增加了业主及施工企业的成本。

传统方式管线综合的主要问题表现在以下几个方面:(1)传统项目管线综合设计过程中,设计师只能将自己的想法以二维图纸的形式表现出来,施工技术人员再根据自己对图纸的理解和对设计师意图的揣测进行施工。二

维图纸仅能够表达单一截面或局部信息,很难表现管线系统的整体情况,最终导致施工错误的出现。(2)传统的管线综合设计在二维条件下进行,平面图、立面图、剖面图和局部详图将建筑信息割裂开来,破坏了设计的整体性、连续性和一致性。在进行管线综合时,难以避免调整管线所带来的"连锁反应",往往是调整一个碰撞点又会导致另一处的碰撞。(3)管线综合设计不仅要协调机电各个专业之间的关系,还要协调与建筑、结构专业之间的关系。由于设计分工明确,专业之间的信息壁垒是长期存在的。协同界面非常广,不是控制好吊顶的控制标高、设备尺寸、地沟和管沟位置等关键点就能消除碰撞问题的。[①]

BIM技术在管线综合中的优势:(1)将二维图纸转化为与实际工程等比例的三维模型,各个专业协同建模使得不同专业的设计师获得更全面的相关专业信息,也让工程技术人员更直观快速地了解工程。利用模型进行施工交底,减少错误的发生。(2)BIM的碰撞检查功能可以自动查找管线碰撞问题,配合虚拟漫游功能,大幅提高管线综合设计的效率,并且调整时不会出现盲点和遗漏。通过模型展示提高沟通效率,让设计人员及时调整方案,减少施工现场的碰撞和返工,降低成本。(3)在碰撞检测的基础上,为满足工程的净高要求、预留足够的检修空间、充分考虑管线和支吊架的安装空间,可以在BIM模型中进行优化排布,提高净空高度,模拟确定合理的施工方案。

二、基于BIM管线综合的过程

(一)管线综合的需求

对于一般的公共建筑来说,特别是商业写字楼建筑,机电专业空调、通风、给水、排水、消防、喷洒、强电、弱电、消防桥架等各种系统繁多,并且根据建筑高度还有不同分区,导致管线布置极其复杂。由于建筑内部空间的限制,在管线集中设备层区域、地下车库区域,管线交叉严重。为满足使用空间功能划分,地上办公区域的消防、给水、排水管道与商业的通风管道会在设备夹层交汇。写字楼中的办公区域走廊净高紧张,而传统二维绘图方式很难排出理想的解决方案。利用BIM技术,来解决管线合理排布的问题,就显得非常的必要和迫切。

---

①程伟.BIM技术[M].北京:清华大学出版社,2019:137-142.

(二)管线综合过程

对于公共建筑,特别是商业、写字楼、酒店等建筑,地下车库是管线综合的重点区域。一般来讲,BIM机电工程师按照施工图纸完成第一轮管线绘制后,往往会发现大量碰撞,其中包括管道间的交叉碰撞以及管线与结构专业的梁柱间的碰撞,甚至会出现不同的管道系统排列在一起,这为之后的碰撞检查带来了很大的麻烦。

针对发现的问题,BIM机电工程师可对模型管线进行全面的修改,优化管线走向,在解决管线系统性碰撞的同时,使设备管线排布更加合理。例如,以电气桥架位置等方式,在满足设计与施工要求的同时给设备管线留出足够空间,依据"有压让无压,小管让大管"的原则,按照各个系统调整设备管道,并注意给电气专业留出检修空间,通过检测模型中的碰撞点,可将碰撞问题归为以下几类:(1)通信桥架与排烟管道的碰撞;(2)排烟管道与电力桥架的碰撞;(3)给水系统与消防系统穿梁;(4)喷淋管道与桥架的碰撞;(5)消火栓系统干管与桥架的碰撞;(6)喷淋管道穿过结构梁;(7)喷淋管道穿过建筑隔墙。

碰撞修改之后,基本达到令人满意的效果。

完成管线调整之后,BIM机电工程师可将模型导出到Navisworks软件中做碰撞检查,以排查在人工调整中很难发现的碰撞点,通过其碰撞检测功能发现碰撞位置,再拟订优化方案调整Revit模型,最终得到满足专业及施工要求的"零碰撞"模型。

BIM工程师做综合管线排布时,必须考虑施工空间及工作面问题。否则仅仅根据施工图和碰撞检查报告做管线排布,碰撞修改后的管线图是无法指导施工的。管线集中区域,如办公楼走道、地下室、管井等,如果机电各专业完全按传统设计提供的CAD图纸绘制,必定会造成大量管线碰撞,后期调整的工作量也很大。因此应根据各管线参数提前排布好各管线间距,以减少后续管线综合后的碰撞数量,降低模型调整的工作量,从而提高工作效率。

应用BIM技术后,不仅要排除机电专业内部的碰撞,还要协调好机电与建筑、结构的关系,及时更新土建模型,BIM管线综合成果重新调整后才能应用。利用模型,对结构预留洞口进行精确定位,保证施工的顺利进行。

三、管线综合的成果表达

BIM工作流程是先建立土建模型,然后进行各专业设备管线的建模,设备管线根据通风、给水管、排水管、消防、电缆桥架等设置不同颜色以便区分。再根据各专业技术要求、空间要求,施工工作面以及质量安全监督部门要求等因素,经过几轮碰撞检测并调整避让后,可完美地表现出BIM模型成果,并汇总出图。

(一)三维轴测图

轴测图可以更好地表现管线及桥架的系统划分与空间位置,甚至通过各个专业的轴测图纸能够让非专业人员了解该专业的设计思路。而综合轴测图则充分表现了整栋建筑的机电专业复杂程度。

(二)CAD平面图

为了方便模型成果指导现场施工,应对模型平面进行深化,使之达到管线综合的施工图深度,并导出CAD图纸打印,最终交付施工现场。通过调整后的模型指导对施工图修改,并在施工交底时将各个专业的管线综合图直接交给施工方,使其价值最大化利用。

(三)复杂节点轴测图及剖面图

BIM模型中不乏管线、桥架交错复杂的节点,光靠传统的平面图已无法很好地表达管线走向。需要节点的三维轴测图辅助平面图,并利用Revit模型可以随意切剖的优势,绘制剖面图与轴测图一起表达复杂节点。但在制作剖面图的过程中发现,虽然绘制剖面图本身很便捷,但将生成的剖面深化为符合施工图标准的剖面,就需要在图纸标注上花费很长时间。

(四)复杂节点三维PDF

对于复杂的节点,平面化的三维图纸的表现能力仍稍显乏力,如果能够直接把三维的节点模型输出并交付,则需要看图时配备足够的硬件能力和三维软件。电脑只要安装了PDF看图软件就可以浏览,使模型展示更充分、更灵活。

(五)复杂节点第三人视角视频图像

对于甲方等非专业设计人员,可能对平面图纸并不熟悉,为此设计人员可以通过 Navisworks 或 Lumi-on 等软件进行模型漫游,以第三人视角浏览模型,截取视图或录制视频,以更加真实的视角了解项目。

(六)碰撞检查报告与碰撞点前后对比

碰撞检查报告与碰撞点前后对比图,可表现出三维管线综合的必要性。综上所述,BIM 技术具有可视化、虚拟化等优势,能够很好地解决管线综合设计的难题。通过整合多方建筑信息,BIM 技术更能够进行协同管理,提升工程决策、规划、设计、施工和运营管理的整体水平,减少返工浪费,有效缩短工期,提高工程质量和投资效益。

第六章 BIM 在老旧小区节能改造施工阶段的应用

第一节 老旧小区节能改造施工阶段概述

老旧小区节能改造工程施工是指工程建设实施阶段的生产活动,是各类建筑物的建造过程,也可以说是把设计图纸上的各种线条,在指定地点变成实物的过程。

现阶段的工程项目一般具有规模大、工期长、复杂性高的特点,而传统的工程项目施工,主要是利用业主方提供的勘察设计成果、二维图纸和相关文字说明,加上一些先入为主的经验,来进行施工建造。这些二维图纸及文字说明,本身就可能存在对业主需求的曲解和遗漏,导致工程分解时也会出现曲解和遗漏,加上施工单位自己对图纸及文字说明的理解,无法完整地反映业主的真实需求和目标,结果出现提交工程成果无法让业主满意的情况。

在施工实践中,工程项目通常需要众多主体共同参与完成,各分包商和供应商在信息沟通时,一般采用二维图纸、文字、表格图表等进行沟通,使得在沟通中难于及时发现众多合作主体在进度计划中存在的冲突,导致施工作业与资源供应之间的不协调、施工作业面相互冲突等现象,影响工程项目的圆满实现。

在施工阶段,将投入大量的人力、物力、财力来完成施工。施工过程中,对施工质量的控制、施工成本的控制、施工进度的控制非常重要。一旦出现部分项目工程完工后再需要更改的,将会造成重大的损失。

通过以上简单的描述,在现阶段的施工过程中存在以下问题:项目信息丢失严重、施工进度计划存在潜在的冲突、过程进度跟踪分析困难、施工质量管控困难、沟通交流不畅,等等,这些问题都导致施工企业管理的粗放、施工企业生产力不高、施工成本过高等现状。

通过对 BIM 技术在前期规划和设计阶段应用方向的了解,BIM 必然逐渐向工程建设专业化、施工技术集成化以及交流沟通信息化等方向发展。BIM 正在改变当前工程建造的模式,推动工程建造模式向以数字建造为指导的新模式转变。BIM 技术以数字建造为指导的工程建设模式具有以下特点,如图 6-1 所示。

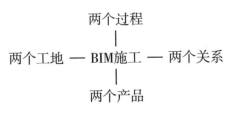

图6-1　BIM数字建造过程特点

一、两个过程

在 BIM 技术支持下,工程建造活动包括两个过程:一个是物质建造过程,一个是管理数字化、产品数字化的建造过程。

二、两个工地

与建造活动数字化过程和物质化过程相对应,同时存在着数字化工地和实体工地两个工地。

三、两个关系

以数字建造为指导的建造模式,越来越凸显建造过程的两个关系,即先试与后造的关系,后台支持与前台操作的关系。[①]

四、两个产品

基于 BIM 的建造过程,工程交付应该有两个产品,不仅仅交付物质产品,同时还交付一个虚拟的数字产品。

BIM 技术作为一种全新的工程信息化协同管理方式,它颠覆了传统的施工管理模式,最大限度地节约资源(节能、节地、节水、节材)、保护环境和减少污染等。同时它已经成为施工企业提升自身核心价值竞争力的手段,本模块将以案例的方式介绍 BIM 在不同类型工程建设中的应用。

---

①吕小彪. 建筑信息模型技术方法与应用——建筑构造语言的BIM表达[M]. 北京:测绘出版社,2018:87-89.

第二节 基于BIM的老旧小区节能改造的深化设计

深化设计的类型可以分为专业性深化设计和综合性深化设计。专业性深化设计基于专业的BIM模型,主要涵盖土建结构、钢结构、幕墙、机电各专业、精装修的深化设计等。综合性深化设计基于综合的BIM模型,主要对各个专业深化设计初步成果进行校核、集成、协调、修正及优化,并形成综合平面图、综合剖面图。

传统设计沟通通过平面图交换意见,立体空间的想象需要靠设计者的知识及经验积累。即使在讨论阶段获得了共识,在实际执行时也经常会发现有认知不一的情形出现,施工完成后,若不符合使用者需求,还需重新施工。有时还存在深化不够美观,需要重新深化施工的情况。通过BIM技术的引入,每个专业角色可以通过模型来沟通,从虚拟现实中浏览空间设计,在立体空间所见即所得,能快速明确地锁定症结点,通过软件更有效地检查出视觉上的盲点。BIM模型在建筑项目中已经变成业务沟通的关键媒介,即使是不具备工程专业背景的人员,都能参与其中。工程团队各方均能给予较多正面的需求意见,以减少设计变更次数。除了实时可视化的沟通外,通过BIM模型的深化设计加之即时数据集成,就可获得一个最具时效性的、最为合理的虚拟建筑,因此导出的施工图不仅可以帮助各专业施工有序合理的进行,提高施工安装成功率,而且还可以减少人力、材料以及时间上的浪费,一定程度上降低施工成本。

通过BIM的精确设计,可大大降低专业间交错碰撞,且各专业分包利用模型开展施工方案、施工顺序讨论,可以直观、清晰地发现施工中可能产生的问题,并给予提前解决,从而大量减少施工过程中的误会与纠纷,也为后阶段的数字化加工、数字建造打下坚实基础。

一、组织架构与工作流程

深化设计在整个项目中处于衔接初步设计与现场施工的中间环节,通常可以分为两种情况。第一,深化设计由施工单位组织和负责,每一个项目部都有各自的深化设计团队;第二,施工单位将深化设计业务分包给专门的深化单位,由该单位进行专业的、综合性的深化设计及特色服务。这两种方式是目前国内较为普遍的运用模式,在各类项目的运用过程中各有特色。所以,施工单位的深化设计需根据项目特点和企业自身情况选择合理的组织方案。下面介绍一套通用组织方案和工作流程供参考。①

(一)组织架构

深化设计工作涉及诸多项目参与方,有建设单位、设计单位、顾问单位及承包单位等。由于BIM技术的应用,原项目的组织架构也发生了相应变化,在总承包组织下增加了BIM项目总承包及相应专业BIM承包单位,如图6-2所示。

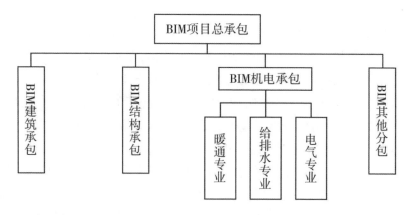

图6-2 BIM项目总承包组织架构图

其中,各角色的职责分工如下。

1.BIM项目总承包

BIM项目总承包单位应根据合同签署的要求对整个项目BIM深化设计工作负责,包括BIM实施导则、BIM技术标准的制定、BIM实施体系的组织管理、与各个参与方共同使用BIM进行施工信息协同、建立施工阶段的BIM模型辅助施工、提供业主相应的BIM应用成果等。同时,BIM项目总承包单位需要建立深化设计管理团队、整体管理和统筹协调深化设计的全部内容,包括负责将制订的深化设计实施方案递交、审批、执行;将签批的图纸在BIM模型中进行统一发布;监督各深化设计单位如期保质地完成深化设计;在BIM综合模型的基础上负责项目各个专业的深化设计;对总承包单位管理范围内各专业深化设计成果整合和审查;负责组织召开深化设计项目例会;协调解决深化设计过程中存在的各类问题等。

---

①李国太.BIM技术与应用[M].北京:北京出版社,2020:17-25

2.各专业承包单位

各专业承包单位的职责包括:负责通过BIM模型进行综合性图纸的深化设计及协调;负责指定范围内的专业深化设计;负责指定范围内专业深化设计成果的整合和审查;配合本专业与其他相关单位的深化设计工作。

3.分包单位

分包单位的职责包括:负责本单位承包范围内的深化设计;服从总承包单位或其他承包单位的管理;配合本专业与其他相关单位的深化设计工作。

BIM项目总承包对深化设计的整体管理主要体现在组织、计划、技术等方面的统筹协调上,通过对分包单位BIM模型的控制和管理,实现对下属施工单位和分包商的集中管理,确保深化设计在整个项目中的协调性与统一性。由BIM项目总承包单位管理的BIM各专业承包单位和BIM分包单位,根据各自所承包的专业负责进行深化设计工作,并承担起全部技术责任。各专业BIM承包单位均需要为BIM项目总承包及其他相关单位提交最新版的BIM模型,特别是涉及不同专业互相交叉设计的时候,深化设计分工应服从总承包单位的协调安排。各专业主承包单位也应对专业内的深化设计进行技术统筹,应当观注采用BIM技术分析本工程与其他专业工程是否存在碰撞和冲突。各专业分包单位应服从机电主承包单位的技术统筹管理。

对于各承包企业而言,企业内部的组织架构及人力资源也是实现企业级BIM实施战略目标的重要保证。随着BIM技术的推广应用,各承包企业内部的组织架构、人力资源等方面也发生了变化。因此,需要在企业原有的组织架构和人力资源上,进行重新规划和调整。企业级BIM在各承包企业的应用也会像现有的二维设计一样,成为企业内部基本的设计技能,建立健全的BIM标准和制度,拥有完善的组织架构和人力资源配置。

（二）工作流程

BIM技术在深化设计中的应用,不仅改变了企业内部的组织架构和人力资源配置,也相应改变了深化设计及项目的工作流程。BIM组织架构基于BIM的深化设计流程不能完全脱离现有的管理流程,但必须服从BIM技术的调整,特别是对于流程中的每一个环节,涉及BIM的数据都要尽可能地做详尽规定,故在现有深化设计流程基础上进行更改,以确保基于BIM的应用过程运转通畅,有效提高工作效率和工作质量。

在项目施工阶段,BIM工作总流程将建设单位、设计单位、总承包单位、分包单位的 BIM 模型信息工作流进行了很好的说明,也体现出总承包对 BIM 在深化设计和施工阶段的组织、规划、统筹和管理。各专业分包的深化模型皆由总承包对 BIM 综合模型整体一体化进行管理,各分包的专业施工方案也皆基于总承包对 BIM 实施方案制订的前提下进行确定,并利用 BIM 模型进行图纸生成。同时,在施工的全过程中,BIM 模型参数化录入将越来越完善,为 BIM 模型交付和后期运维打下基础。此外,对于不同专业的承包商,BIM 深化设计的流程更为细化,协作关系更为紧密。

BIM 技术在整个项目中的运用情况与传统的深化设计相比,BIM 技术下的深化设计更加侧重于信息的协同和交互,通过总承包单位的整体统筹和施工方案的确定,利用 BIM 技术在深化设计过程中解决各类碰撞检测及优化问题。各个专业承包单位在根据 BIM 模型进行专业深化设计的同时,保证了各专业间的实时协同交互,在模型中直接对碰撞实施调整,简化了操作中的协调问题。模型实时调整,即时显现,充分体现了 BIM 技术下数据联动性的特点,通过 BIM 模型,可根据需求生成各类综合平面图、剖面图及立面图,减少了二维图纸绘制步骤。

二、模型质量控制与成果交付

(一)模型质量控制

在深化设计过程中,BIM 模型和深化图纸的质量对项目实施开展具有极大的影响,根据以往 BIM 应用的经验,当前主要存在 BIM 专业错误建模、各专业 BIM 模型版本更新不同步、选用了错误或不恰当的软件进行 BIM 深化设计、BIM 深化出图标准不统一等问题。如何通过有效的手段和方法对 BIM 深化设计进行质量控制和保证,实现在项目实施推进过程中 BIM 模型的准确利用和高效协同,是各施工企业需要考量和思索的关键。为了保证 BIM 模型的正确性和全面性,各企业应制订质量实施和保证计划。

由于 BIM 的所有应用都是通过 BIM 模型数据实现的,所以对 BIM 模型数据的质量控制非常重要。质量控制的主要对象为 BIM 模型数据。质量控制根据时间可分为事前质量控制和质量验收两部分。事前质量控制是指 BIM 产出物交付并应用于设计图纸生成和各种分析以前,由建立 BIM 模型数据的人员完成之前检查。因为 BIM 产出物的生成以及各类分析应用对 BIM 模型数据要求非常精确,所以事前进行质量确认非常必要。BIM 产出物交付时的事前质量核对报告书可以作为质量验收时的参考。质量验收是指交付BIM模型和深化图纸时由建设单位的质量管理者来执行验收。质量验收根据事前质量核对报告书,实事求是地确认BIM数据的质量,必要的时候可进行追加核对,根据质量验收结果进行修改补充。

针对上述情况,可以从内部质量控制和外部质量控制两个方面入手,实现深化设计中BIM模型和图纸的质量控制。

1.内部控制

内部控制是指通过企业内部的组织管理及相应标准流程的规范,对项目过程中应建立交付的BIM模型和图纸继续进行质量控制和管理。所以,要实现企业内部的质量控制,就需要建立完善的设计质量实施和保证计划。其目的在于为整个项目团队树立明确的目标,增强责任感,提高生产率,规范工作交流方式,明确人员职责和分工,控制项目成本、进度、范围和质量。在项目开展前,企业应确定内部的BIM深化设计组织管理计划,需与企业整体的BIM实施计划方向保持一致。通过组织架构调整、人力资源配置,有效保证工作顺利开展。如:在一个项目中,BIM深化团队至少应包括BIM项目经理、各相关专业BIM设计师、BIM制图员等。由BIM项目经理组织内部工作组成员的培训,指导BIM问题解决和故障排除的注意要点,通过定期的质量检查制度,管理BIM的实施过程,通过定期的例会制度促进信息和数据的互换、冲突解决报告的编写,实现BIM模型的管理和维护。

上述这些内部质量控制手段和方法并不是凭空执行和操作的,BIM作为贯穿建筑项目全生命周期的信息模型,其重要性不言而喻。所以,BIM标准的建立也是质量控制的重要一部分,BIM标准的制定将直接影响到BIM的应用与实施,没有标准的BIM应用,将无法实现BIM的系统优势。基于BIM的深化设计,BIM标准的制定主要包括技术标准和管理标准,技术标准包括BIM深化设计建模标准、BIM深化设计工作流程标准、BIM模型深度标准、图纸交付标准等。而管理标准则应包括外部资料的接收标准、数据记录与连接标准、文件存档标准、文件命名标准,以及软件选择与网络平台标准等。在建模之前,为了保证模型的进度和质量,BIM团队核心成员应对建模的方式、模型的管理控制、数据的共享交流等达成一致意见。如:(1)原点和参考点的设置:控制点的位置可设为(0,0,0)。(2)划分项目区域:把标准层的平面划分成多个区域。(3)文件命名结构:对各个模型参与方统一文件命名规则。(4)文件存放地址：确定一个FTP地址用来存放所有文件。(5)文件的大小：确定整个项目过程中文件的大小规模。(6)精度：在建模开始前统一好模型的精度和容许度。(7)图层：统一模型各参与方使用的图层标准，如颜色、命名等。(8)电子文件的更改：所有文件中更改过的地方都要做好标记等。

一旦制订了企业BIM标准，则在每一个设计审查、协调会议和设计过程中的重要节点，相应的模型和提交成果都应根据标准执行，实现质量控制与保障。如BIM经理可负责检查模型和相关文件等是否符合BIM标准，主要包括以下内容：(1)直观检查：用漫游软件查看模型是否有多余的构件、设计意图是否被正确表现。(2)碰撞检查：用漫游软件和碰撞检查软件查看是否有构件之间的冲突。(3)标准检查：用标准检查软件检查BIM模型和文件里的字体、标注、线型等是否符合相关BIM标准。(4)构件验证：用验证软件检查模型是否有未定义的构件或被错误定义的构件。

2.外部控制

外部控制是指在与项目其他参与方的协调过程中，对共享、接收、交付的BIM模型成果和BIM应用成果进行的质量检查控制。对于提交模型的质量和模型更新应有一个责任人，即每一个参与建模的项目参与方都应有个专门的人(可以称之为模型经理)对模型进行管理并对模型负责。

模型经理作为BIM团队核心成员的一部分，主要负责的方面有：参与设计审核，参加各方协调会议，处理设计过程中随时出现的问题等。对于接收的BIM模型和图纸应对其设计、数据和模型进行质量控制检查。质量检查的结果以书面方式进行记录和提交，对于不合格的模型、图纸等交付物，应明确告知相应参与方予以修改，从而确保各专业施工承包企业高质、高效地完成设计工作。

此外，高效实时的协作交流模式也可以降低数据传输过程中的错误率，提高工作效率。对于项目不同角色及承包方团队之间的协作和交流可以采用如下方式：(1)电子交流。为了保证团队合作顺利开展，应建立一个所有项目成员之间的交流模式和规程。在项目的各个参与方负责人之间可以建立电子联系纽带，这个纽带或者说方式可以在云平台通过管理软件来建立、更新和存档。与项目有关的所有电子联系文件都应该被保存并留作以后参考。文件管理规程也应在项目早期就设立和确定，包括文件夹的结构、访问权限、文件夹的维护和文件的命名规则等。(2)会议交流。建立电子交流纽带的同时,也应制订会议交流或视频会议的程序,通过会议交流可以明确提交各个BIM模型的计划和更新各个模型的计划;带电子图章的模型的提交和审批计划;与IT有关的问题,如文件格式、文件命名和构件命名规则、文件结构、所用的软件以及软件之间的互用性;问题的协调和解决方法等内容。

(二)成果交付

随着建筑全生命周期概念的引入,BIM的成果交付问题也日渐显著。BIM贯穿于设计、施工、运维的整个过程,其基于信息进行表达和传递的方式是BIM信息化工作的核心内容。本书通过分析、总结得出,基于BIM技术的深化设计阶段,二维深化图纸的交付已经不能满足整个建筑行业技术进步的要求,而是应该以BIM深化模型的交付为主,以二维深化图纸、表单文档为辅的一套基于BIM技术应用平台下的成果交付体系。其目的是:为各个参与方之间提供精确、完整、动态的设计数据;提供多种优化、可行的施工模拟方案;提供各参与方深化、施工阶段不同专业间的综合协调情况;为业主后期运维开展提供完善的信息化模型;为相关二维深化图纸及表单文本交付提供相关联动依据。目前,中国的BIM技术处于起步初期,对于BIM成果交付问题虽有部分探究,但尚停留在设计阶段,对于深化施工阶段的BIM成果交付并未做详尽探讨和研究。故本书就深化设计阶段从BIM交付物内容、成果交付深度、交付数据格式和交付安全四大方面进行论述。

1.BIM深化设计交付物内容

BIM深化设计交付物是指在项目深化设计阶段的工作中,基于BIM的应用平台按照标准流程所产生的设计成果。它包括各个专业深化设计的BIM模型;基于BIM模型的综合协调方案;深化施工优化方案;可视化模拟三维BIM模型;由BIM三维模型所衍生出的二维平立剖面图、综合平面图、留洞预埋图等;由BIM模型生成的参数汇总、明细统计表格、碰撞报告及相关文档等。整个深化设计阶段交付物内容以BIM模型为核心内容,二维深化图纸及文表数据为辅。同时,交付物的内容应该符合签署的BIM商业合同,按合同中要求的内容和深度进行交付。

2.BIM成果交付深度

中华人民共和国住房和城乡建设部于2008年颁布了《建筑工程设计文件编制深度规定》。该规定对深化施工图设计阶段详尽描述了建筑、结构、电气、给排水、暖通等专业的交付内容及深度规范,这也是目前设计单位制定本企业设计深度规范的基本依据。BIM技术的应用并不是颠覆传统的交付深度,而是基于传统的深度规定制定出适合中国建筑行业发展的 BIM 成果交付深度规范。同时,该项规范也可作为项目各参与方在具体项目合同中交付条款的参考依据。根据不同的模型深度要求,目前国内应用较为普遍的建筑信息模型详细等级标准主要划分为 LOD100,LOD200,LOD300,LOD400,LOD500 五个级别,对于具体项目可进行自定义模型深度等级。

3.BIM 交付数据格式

深化设计阶段 BIM 模型交付主要是为了保证数据资源的完整性,实现模型在全生命周期的不同阶段高效使用。目前,普遍采用的 BIM 建模软件主流格式有 Autodesk Revit 的 RVT,RFT,RFA 等格式。同时,在浏览、查询、演示过程中较常采用的轻量化数据格式有 NWD,NWC,DWF 等。模型碰撞检测报告及相关文档交付一般采用 Microsoft Office 的 DOCX 格式或 XLSX 格式的电子文件、纸质文件。

对于 BIM 模式下二维图纸生成,现阶段面临的问题是现有 BIM 软件中二维视图生成功能的本地化相对欠缺。随着 BIM 软件在二维视图方面功能的不断加强,BIM 模型直接生成可交付的二维视图必然能够实现,BIM 模型与现有二维制图标准将实现有效对接。所以,对于现阶段 BIM 模式下二维视图的交付模式,应该根据 BIM 技术的优势与特点,制订出现阶段合理的 BIM 模式下二维视图的交付模式。实际上,目前国内部分设计院,已经尝试了经过与业主确认,通过部分调整二维制图标准,使得由 BIM 模型导出的视图可以直接作为交付物。对于深化设计阶段,其设计成果主要用于施工阶段,并指导现场施工,最终设计交付图纸必须达到二维制图标准要求。因此,目前可行的工作模式为先依据 BIM 模型完成综合协调、错误检查等工作,对 BIM 模型进行设计修改,最后将二维视图导出到二维设计环境中进行图纸的后续处理。这样不仅能够有效保证施工图纸达到二维制图标准要求,同时也能减少在 BIM 环境中处理图纸的大量工作。

4.BIM 交付安全

工程建设项目需要在合同中对工程项目建设过程中形成的知识产权的归属问题进行明确和规定,结合业主、设计、施工三方面确保交付物的安全性。对于采用 BIM 技术完成的工程建设项目,知识产权归属问题显得更为突出。所以,在深化设计阶段的 BIM 模型交付过程中,应明确 BIM 项目中涉及的知识产权归属,包括项目交付物,设计过程文件,项目进展中形成的专利、发明等。

第三节 基于BIM的老旧小区节能改造的数字化加工

目前,国内建筑施工企业大多采用的是传统的加工技术,许多建筑构件以传统的二维CAD加工图为基础,设计师根据CAD模型手工画出或用一些详图软件画出加工详图,这在建筑项目日益复杂的今天,是一项工作量非常巨大的工作。为保证制造环节的顺利进行,加工详图时,设计师如果不认真检查每一张原图纸,确保加工详图与原设计图的一致性;再加上设计深度、生产制造、物流配送等流转环节,就导致出错概率很大。也正是因为这样,导致各行各业在信息化蓬勃发展的今天,生产效率不但没有提高,反而正在持续下滑。

而BIM是建筑信息化大革命的产物,能贯穿建筑全生命周期始终,保证建筑信息的延续性,也包括从深化设计到数字化加工的信息传递。基于BIM的数字化加工是指,将包含在BIM模型里的构件信息,准确地、不遗漏地传递给构件加工单位进行构件加工,这个信息传递方式可以是直接以BIM模型传递,也可以是BIM模型加上二维加工详图的方式,由于数据的准确性和不遗漏性,BIM模型的应用不仅解决了信息创建、管理与传递的问题,而且BIM模型、三维图纸、装配模拟、加工制造、运输、存放、测绘、安装的全程跟踪等手段为数字化建造奠定了坚实的基础。所以,基于BIM的数字化加工建造技术是一项能够帮助施工单位实现高质量、高精度、高效率安装完美结合的技术。通过发挥更多的BIM数字化的优势,将大大提高建筑施工的生产效率,推动建筑行业的快速发展。

一、数字化加工前的准备

建筑行业也可以采用BIM模型与数字化建造系统的结合来实现建筑施工流程的自动化。尽管建筑不能像汽车一样在加工好后整体发送给业主,但建筑中的许多构件的确可以预先在加工厂加工,然后运到建筑施工现场,装配到建筑中(如门窗、预制混凝土构件和钢构件、机电管道等)。通过数字化加工,可以自动完成建筑物构件的预制、降低建造误差,大幅度提高构件制造的生产率,从而提高整个建筑建造的生产率。

（一）数字化加工首要解决的问题

数字化加工首要解决的问题如下：加工构件的几何形状及组成材料的数字化表达；加工过程信息的数字化描述；加工信息的获取、存储、传递与交换；施工与建造过程的全面数字化控制。

（二）数字化加工准备注意的要点

注意的要点如下：深化设计方、加工工厂方、施工方图纸会审；检查模型和深化设计图纸中的错漏碰缺；根据各自的实际情况互提要求和条件，确定加工范围和深度，有无需要注意的特殊部位和复杂部位，并讨论复杂部位的加工方案，选择加工方式、加工工艺和加工设备；施工方提出现场施工和安装可行性要求。[①]

根据三方会议讨论的结果和提交的条件，把要加工的构件分类。待数字化加工方案确定后，需要对 BIM 模型进行转换。BIM 模型中所蕴含的信息内容很丰富，不仅能表现出深化设计意图，还能解决工程里的许多问题，但如果要进行数字化加工，就需要把 BIM 深化设计模型转换成数字化加工模型，加工模型比设计模型更详细，但也去掉了一些数字化加工不需要的信息。

（三）BIM 模型转换为数字化加工模型的步骤

需要在原深化设计模型中增加许多详细的信息（如一些组装和连接部位的详图），同时根据各方要求（加工设备和工艺要求、现场施工要求等）对原模型进行一些必要的修改。

通过相应的软件把模型里数字化加工需要的且加工设备能接受的信息隔离出来，传送给加工设备，并进行必要的数据转换、机械设计以及归类标注等工作，实现把 BIM 深化设计模型转换成预制加工设计图纸，与模型配合指导工厂生产加工。

（四）BIM 数字化加工模型的注意事项

1.要考虑到精度和容许误差

对于数字化加工而言，其加工精度是很高的，由于材料的厚度和刚度有时候会有小的变动，组装也会有累积误差，另外还有一些比较复杂的因素如切割、挠度等也会影响构件的最后尺寸，所以在设计的时候应考虑到一些容许变动。

①武黎明,王子健.BIM 技术应用[M]. 北京:北京理工大学出版社,2021:41-50.

2.选择适当的设计深度

数字化加工模型不要太简单也不要过于详细,太详细就会浪费时间,拖延工程进度,但如果太简单、不够详细就会错过一些提前发现问题的机会,甚至会在将来出现更大的问题。模型里包含的核心信息越多,越有利于与别的专业的协调,越有利于提前发现问题,越有利于数字化加工。所以在加工前最好预先向加工厂商的工程师了解加工工艺过程及如何利用数字化加工模型进行加工,然后选择各阶段适当的深度标准,制订一个设计深度计划。由于是跨行业的数据传递,应处理好多个应用软件之间的数据兼容问题。

基于BIM数字化加工的优点不言而喻,但在使用该项技术的同时,必须认识到数字化加工并不是面面俱到的,比如:在加工构件非常特别,或者构件过于复杂时,此时利用数字化加工则会显得费时费力,凸显不出其独特优势。所以在大量加工重复构件时,数字化加工才能带来可观的经济利益,实现材料采购优化、材料浪费减少和加工时间的节约。不在现场加工构件的工作方式能减少现场与其他施工人员和设备的冲突干扰,能解决现场加工场地不足的问题;另外,由于构件被提前加工制作好了,这样就能在需要的时候及时送到现场,不提前也不拖后,可加快构件的放置与安装。同时,基于BIM技术的数字化加工大大减少了因错误理解设计意图或与设计师交流不及时导致的加工错误。而且,工厂的加工环境和加工设备都比现场要好得多,工厂加工的构件质量势必比现场加工的构件质量更有保障。

二、加工过程的数字化复核

现场加工完成的成品由于温度、变形焊接、矫正等产生的残余应变,会对现场安装产生误差影响,故在构件加工完成后,要对构件进行质量检查复核。传统的方法是采取现场预拼装以检验构件是否合格,复核的过程主要是通过手工的方法进行数据采集,对于一些大型构件往往存在着检验数据采集存有误差的问题。数字化复核技术的应用,不仅能在加工过程中利用数字化设备对构件进行测量,如激光、数字相机、3D扫描、全站仪等,对构件进行实时、在线100%检测,形成坐标数据,并将此坐标数据输入到计算机转变为数据模型,在计算机中进行虚拟预拼装,以检验构件是否合格;还能返回到BIM施工模型中进行比对,判断其误差余量能否被接受,是否需要设置相关调整预留段以消除其误差,或对于超出误差接受范围之外的构件进行重新加工。数字化加工过程的复核不仅采用了先进的数字化设备,还结合了 BIM 三维模型,实现了模型与加工过程管控中的协同,实现了数据之间的交互和反馈。在进行数字化复核的过程中需要注意的要点如下。

(一)测量工具的选择

测量工具的选择,要根据工程实际情况,如成本、工期、复杂性等,不仅要考虑测量精度的问题,还要考虑测量速度的因素,如 3D 扫描仪具有进度快但精度低的特点,而全站仪则具有精度高、进度慢的特点。

(二)数字化复核软件的选择

扫描完成后需要把数据从扫描仪传送到计算机里,这就需要选择合适的软件,这个软件要能读取扫描仪的数据格式并转换成能够使用的数据格式,实现与测量工具的无缝对接。另外,这个软件还需要能与 BIM 模型软件兼容,在基于 BIM 的三维软件中有效地进行构件虚拟预拼装。

(三)预拼装方案的确定

要根据各个专业的特性对构件的体积、重量、施工机械的能力拟订预拼装方案。在进行数字化复核的时候,预拼装的条件应做到与现场实际拼装条件相符。

三、数字化物流与作业指导

在没有 BIM 技术前,建筑行业的物流管控都是通过现场人为填写表格报告,负责管理人员不能够及时得到现场物流的实时情况,不仅无法验证运输、领料、安装信息的准确性,对之做出及时的控制管理,还会影响到项目整体实施效率。二维码和 RFID(射频识别)作为一种现代信息技术已经在国内物流、医疗等领域得到了广泛的应用。同样,在建筑行业的数字化加工运输中,也有大量的构件流转在生产、运输及安装过程中,如何了解它们的数量、所处的环节、成品质量等情况就是需要解决的问题。

二维码和 RFID 在项目建设的过程中主要是用于物流和仓库存储的管理,如今结合 BIM 技术的运用,无疑对物流管理而言是如虎添翼。其工作流程为:在数字化物流操作中,可以给每个建筑构件都贴上一个二维码或者埋入 RFID 芯片,这个二维码或 RFID 芯片相当于每个构件自己的"身份证",再利用手持设备以及芯片技术,在需要的时候用手持设备扫描二维码及芯片,信息立即传送到计算机上进行相关操作。二维码或RFID芯片所包含的所有信息都应该被同步录入到BIM模型中去,使BIM模型与编有二维码或含有RFID芯片的实际构件对应上,以便随时跟踪构件的制作、运输和安装情况,也可以用来核算运输成本,同时也为建筑后期运营做好准备。数字化物流的作业指导模式从设计开始直到安装完成可以随时传递它们的状态,从而达到把控构件的全生命周期的目的。二维码和RFID技术对施工的作业指导主要体现在以下几个方面。

(一)对构件进场堆放的指导

由于BIM模型中的构件所包含的信息跟实际构件上的二维码及RFID芯片里的信息是一样的,所以,通过BIM模型,施工员就能知道每天施工的内容需要哪些构件,这样就可以每天只把当天需要的构件(通过扫描二维码或RFID芯片将与BIM模型里相应的构件对应起来)运送进场并堆放在相应的场地,而不用一次把所有的构件全都运送到现场,这种分批有目的的运送,既能解决施工现场材料堆放场地的问题,又可降低运输成本。因为不用一次安排大量的人力和物力在运输上,只需要定期小批量地运送就行,同时也缩短了工期。工地也不需要等所有的构件都加工完成才能开始施工,而是可以工厂加工和工地安装同步进行,即工厂先加工第一批构件,然后在工地安装第一批构件的同时生产第二批构件,如此循环。

(二)对构件安装过程的指导

施工员在领取构件时,对照BIM模型里自己的工作区域和模型里构件的信息,就可以通过扫描实际构件上的二维码或RFID芯片,很迅速地领到对应的构件,并把构件吊装到正确的安装区域。而且在安装构件时,只要用手持设备先扫描一下构件上的二维码或RFID芯片,再对照BIM模型,就能知道这个构件是应该安装在什么位置,这样就能减少因构件外观相似而安装出错,造成成本增加、工期延长。

(三)对安装过程及安装完成后信息录入的指导

施工员在领取构件时,可以通过扫描构件上的二维码或RFID芯片来录入施工员的个人信息、构件领取时间、构件吊装区段等,且凡是参与吊装的人员都要录入自己的个人信息和工种信息等。安装完成后,应该通过扫描构件上的二维码或RFID芯片确认构件安装完成,并输入安装过程中的各种信息,同时将这些信息录入到相应的 BIM 模型里,等待监理验收。这些安装过程信息应包括安装时现场的气候条件(温度、湿度、风速等)、安装设备、安装方案、安装时间等所有与安装相关的信息。此时,BIM 模型里的构件将会处于已安装完成但未验收的状态。

(四)对施工构件验收的指导

当一批构件安装完成后,监理要对安装好的构件进行验收,检验安装是否合格,这时,监理可以先从 BIM 模型里查看哪些构件处于已安装完成但未验收状态,然后监理只需要对照 BIM 模型,再扫描现场相应构件的二维码或RFID 芯片,如果两者包含的信息是一致的,就说明安装的构件与模型里的构件是对应的。同时,监理还要对构件的其他方面进行验收,检验是否符合现行国家和行业相关规范的标准,所有这些验收信息和结果(包括监理单位信息、验收人信息、验收时间和验收结论等)在验收完成后都可以输入到相应构件的二维码、RFID 信息里,并同时录入到 BIM 模型中。同样,这种二维码或 RFID 技术对构件验收的指导和管理,也可以被应用到项目的阶段验收和整体验收中,以提高施工管理效率。

(五)对施工人力资源组织管理的指导

该项新型数字化物流技术通过对每一个参与施工的人员,即每一个员工赋予一个与项目对应的二维码或 RFID 芯片实行管理。二维码、RFID 芯片含有的信息包括个人基本信息、岗位信息、工种信息等。每天参与施工的员工在进场和工作结束时可以先扫描自己的二维码或 RFID,这时,该员工的进场和结束时间、负责区域、工种内容等就都被记录并录入到 BIM 施工管理模型里了。这样,所有这些信息都随时被自动录入到 BIM 施工模型里,且这个模型是由专门的施工管理人员负责管理的,通过这种方法,施工管理者可以很方便地统计每天、每个阶段、每个区域的人力分布情况和工作效率情况,根据这些信息,可以判断出人力资源的分布和使用情况,当出现某阶段或某区域人力资源过剩或不足时,就可以及时调整人力资源的分布和投入,同时也可以预估并指导下一阶段的施工人力资源的投入。这种新型的数字化物流技术对施工人力资源管理的方法,可以及时避免人力资源的闲置、浪费等不合理现象,大大提高施工效率、降低人力资源成本、加快施工进度。

(六)对施工进度的管理指导

二维码、RFID 芯片数字标签的最大的特点和优点就是信息录入的实时性和便捷性,即可随时随地通过扫描自动录入新增的信息,并更新到相应的BIM模型里,保持BIM模型的进度与施工现场的进度一致。也就是说,施工现场在建造一个项目的同时,计算机里的BIM模型也在同步地搭建一个与施工现场完全一致的虚拟建筑,那么施工现场的进度就能最快最真实地反映在BIM模型里,这样施工管理者就能很好地掌握施工进度并能及时调整施工组织方案和进度计划,从而达到提高生产效率、节约成本的目的。

（七）对运营维护的作业指导

验收完成后,所有构件上的二维码或RFID芯片就已经包含了在这个时间点之前的所有与该构件有关的信息,而相应的BIM模型里的构件信息与实际构件上二维码或RFID芯片里的信息是完全一致的,这个模型将交付给业主作为后期运营维护的依据。在后期使用时,将会有以下情况需要对构件进行维护:一种是构件定期保养维护（如钢构件的防腐维护、机电设备和管道的定期检修等）,另一种是当构件出现故障或损坏时需要维修,还有一种就是建筑或设备的用途和功能需要改变时。

由于构件上的二维码或RFID信息已经全部录入到了BIM模型里,那么在模型里就可以设置一个类似于闹钟的功能,当某一个或某一批构件到期需要维护时,模型就会自动提醒业主维修,业主则可以根据提醒在模型中很快地找到需要维护的构件,并在二维码或RFID信息里找到该构件的维护标准和要求。维护时,维护人员通过扫描实际构件上的二维码或者RFID信息来确认需要维护的构件,并根据信息里的维护要求,进行维护。维护完成后将维护单位、维护人员的信息以及所有与维护相关的信息（如日期、维护所用的材料等）输入到构件上的二维码或RFID里,并同时更新到BIM模型里,以供后续运营维护使用。当有构件损坏时,维修人员通过扫描损坏构件上的二维码或RFID芯片来找到BIM模型里对应的构件,在BIM模型里就可以很容易地找到该构件在整个建筑中的位置、功能、详细参数和施工安装信息,还可以在模型里拟订维修方案并评估方案的可行性和维修成本。维修完成后再把所有与维修相关的信息（包括维修公司、人员、日期和材料等）,输入到构件上的二维码或RFID里并更新到BIM模型里,以供后续运营维护使用。如果由于使用方式的改变,原构件或设备的承载力或功率等可能满足不了新功能的要求,需要进行重新计算或评估,必要时应进行构件和设备的加固或更换。这时,业主可以通过查看BIM模型里的构件二维码或RFID

信息,来了解构件和设备原来的承载力和功率等信息,查看是否满足新使用功能的要求,如不满足,则需要对构件或设备进行加固或更换,并在更改完成后更新构件上的和 BIM 模型里的电子标签信息,以供后续运营维护使用。由此可见,二维码、RFID 技术和 BIM 模型的结合使用极大地方便了业主对建筑的管理和维护。

(八)对产品质量、责任追溯的指导

当构件出现质量问题时,也可以通过扫描该构件上的二维码或 RFID 信息,并结合质量问题的类型找到相关的责任人。

综上,通过采用数字化物流的指导作业模式,数字化加工的构件信息就可以随时被更新到 BIM 模型里。这样,当施工单位在使用 BIM 模型指导施工时,构件里所包含的详细信息能让施工者更好地安排施工顺序,减少安装出错率,提高工作效率,加快施工进程,加强对施工过程的可控性。

第四节　基于 BIM 的老旧小区节能改造的虚拟施工

通过 BIM 技术结合施工方案、施工模拟和现场视频监测,进行基于 BIM 技术的虚拟施工,其施工本身不消耗施工资源,却可以根据可视化效果看到并了解施工的过程和结果,可以较大程度地降低返工成本和管理成本,降低风险,增强管理者对施工过程的控制能力。建模的过程就是虚拟施工的过程,是先试后建的过程。施工过程的顺利实施是在有效的施工方案指导下进行的。施工方案的制订主要是根据项目经理、项目总工程师及项目部的经验。施工方案的可行性一直受到业界的关注,由于建筑产品的单一性和不可重复性,施工方案具有不可重复性。一般情况,当某个工程即将结束时,一套完整的施工方案才展现于面前。虚拟施工技术不仅可以检测和比较施工方案,还可以优化施工方案。

基于 BIM 的虚拟施工管理能够达到以下目标:创建、分析和优化施工进度;针对具体项目分析将要使用的施工方法的可行性;通过模拟可视化的施工过程,提早发现施工问题,消除施工隐患;形象化的交流工具,使项目参与者能更好地理解项目范围,提供形象的工作操作说明或技术交底;可以更加有效地管理设计变更;全新的试错、纠错概念和方法不仅如此,虚拟施工过程中建立好的BIM模型还可以作为二次渲染开发的模型基础,大大提高了三维渲染效果的精度与效率,可以给业主更为直观的宣传介绍,也可以进一步为房地产公司开发出虚拟样板间等延伸应用。

虚拟施工给项目管理带来的好处可以总结为以下三点。

第一,施工方法可视化。虚拟施工使施工变得可视化,随时随地直观快速地将施工计划与实际进展进行对比,同时进行有效的协同,施工方、监理方,甚至非工程行业出身的业主、领导都对工程项目的各种问题和情况了如指掌。施工过程的可视化,使BIM成为一个便于施工方参与各方交流的沟通平台。通过这种可视化的模拟,缩短了现场工作人员熟悉项目施工内容方法的时间,减少了现场人员在工程施工初期因为错误施工而导致的时间和成本的浪费,还可以加快、加深对工程参与人员培训的速度及深度,真正做到质量、安全、进度、成本管理和控制的人人参与。

5D全真模型平台虚拟原型工程施工,对施工过程进行可视化的模拟,包括工程设计、现场环境和资源使用状况等,具有更大的可预见性,将改变传统的施工计划、组织模式。施工方法的可视化使所有项目参与者在施工前就能清楚地知道所有施工内容以及自己的工作职责,能促进施工过程中的有效交流。它是目前用于评估施工方法、发现施工问题、评估施工风险的最简单、经济、安全的方法。

第二,施工方法可验证。BIM技术能全真模拟运行整个施工过程,项目管理人员、工程技术人员和施工人员可以了解每一步施工活动。如果发现问题,工程技术人员和施工人员可以提出新的施工方法,并对新的施工方法进行模拟验证,即判断施工过程,它能在工程施工前识别绝大多数的施工风险和问题,并有效解决。[①]

第三,施工组织可控制。施工组织是对施工活动实行科学管理的重要手段,它决定了各阶段的施工准备工作内容,协调施工过程中各施工单位、各施工工种以及各项资源之间的相互关系。BIM可以对施工的重点或难点部分进行可见性模拟,按网络时标进行施工方案的分析和优化。对一些重要的施工环节或采用施工工艺的关键部位、施工现场平面布置等施工指导措施进行模拟和分析,以提高计划的可执行性。利用BIM技术结合施工组

①李益,常莉.BIM技术概论[M].北京:清华大学出版社,2019:106-107.

织设计进行电脑预演,以提高复杂建筑体系的可施工性。借助 BIM 对施工组织的模拟,项目管理者能非常直观地理解间隔施工过程的时间节点和关键工序情况,并清晰地把握在施工过程中的难点和要点,也可以进一步对施工方案进行优化完善,以提高施工效率和施工方案的安全性。可视化模型输出的施工图片,可作为可视化的工作操作说明或技术交底分发给施工人员,用于指导现场的施工,方便现场的施工管理人员对照图纸进行施工指导和现场管理。

采用 BIM 进行虚拟施工,需事先确定以下信息:设计和现场施工环境的三维模型;根据构件选择施工机械及机械的运行方式;确定施工的方式和顺序;确定所需临时设施及安装位置。BIM 在虚拟施工管理中的应用主要有场地布置方案、专项施工方案、关键工艺展示、施工模拟(土建主体及钢结构部分)、装修效果模拟等。

一、施工平面布置

为使现场使用合理,施工平面布置应有条理,尽量减少占用施工用地,使平面布置紧凑合理,同时做到场容整齐清洁,道路畅通,符合防火安全及文明施工的要求,施工过程中应避免多个工种在同一场地、同一区域而相互牵制、相互干扰。施工现场应设专人负责管理,使各项材料、机具等按已审定的现场施工平面布置图的位置摆放。

基于建立的 BIM 三维模型及搭建的各种临时设施,可以对施工场地进行布置,合理安排塔吊、库房、加工厂地和生活区等的位置,解决现场施工场地划分问题;通过与业主的可视化沟通协调,对施工场地进行优化,选择最优施工路线。

二、专项施工方案验证

通过 BIM 技术指导编制专项施工方案,可以直观地对复杂工序进行分析,将复杂部位简单化、透明化,提前模拟方案编制后的现场施工状态,对现场可能存在的危险源、安全隐患、消防隐患等提前排查,对专项方案的施工工序进行合理排布,有利于方案的专项性、合理性。

三、关键工艺展示

对于工程施工的关键部位,如预应力钢结构的关键构件及部位,其安装相对复杂,因此合理的安装方案非常重要。正确的安装方法能够省时省费,传统方法只有工程实施时才能得到验证,这就可能造成二次返工等问题。同时,传统方法是施工人员在完全领会设计意图之后,再传达给建筑工人,相对专业性的术语及步骤对于工人来说难以完全领会。基于BIM技术,能够提前对重要部位的安装进行动态展示,提供施工方案讨论和技术交流的虚拟信息。

四、主体结构施工模拟

根据拟订的最优施工现场布置和最优施工方案,将由项目管理软件如Project编制的施工进度计划与施工现场3D模型集成一体,引入时间维度,能够完成对工程主体结构施工过程的4D施工模拟。通过4D施工模拟,设备材料进场、劳动力配置、机械排班等各项工作可以安排得更加经济合理,从而加强了对施工进度、施工质量的控制。针对主体结构施工过程,利用已完成的BIM模型进行动态施工方案模拟,展示重要施工环节动画,对比分析不同施工方案的可行性,能够对施工方案进行分析,并听从甲方指令对施工方案进行动态调整。

五、装修效果模拟

针对工程技术重点、难点、样板间精装修等,完成对窗帘盒、吊顶、木门、地面砖等基础模型的搭建,并基于BIM模型,对施工工序的搭接及新型、复杂施工工艺进行模拟,对灯光环境等进行分析,综合考虑相关影响因素,利用三维效果预演的方式有效解决各方协同管理的难题。

第五节 基于BIM的老旧小区节能改造的管理应用

一、基于BIM的进度管理

(一)影响进度管理的因素

在实际工程项目进度管理过程中,虽然有详细的进度计划以及网络图、横道图等技术作支撑,但是"破网"事故仍时有发生,并对整个项目的经济效益产生直接的影响。通过对事故进行调查,影响进度管理的主要因素有以下几方面。

1.建筑设计缺陷

首先,设计阶段的主要工作是完成施工所需图纸的设计,通常一个工程项目的整套图纸少则几十张,多则成百上千张,有时甚至数以万计,图纸所包含的数据庞大,而设计者和审图者的精力有限,存在错误是必然的;其次,项目各个专业的设计工作是独立完成的,导致各专业的二维图纸所表现的内容在空间上很容易出现碰撞和矛盾。如果上述问题没有提前发现,直到施工阶段才显露出来,势必对工程项目的进度产生影响。

2.施工进度计划编制不合理

施工进度计划的编制很大程度上依赖于项目管理者的经验,虽然有施工合同、进度目标、施工方案等客观条件的支撑,但是项目的唯一性和个人经验的主观性难免会使施工进度计划存在不合理之处,并且现行的编制方法和工具相对比较抽象,不易对施工进度计划进行检查,一旦计划出现问题,按照计划所进行的施工过程必然会受到影响。

3.现场人员的素质

随着施工技术的发展和新型施工机械的应用,工程项目施工过程越来越趋于机械化和自动化。但是,保证工程项目顺利完成的主要因素还是人,施工人员的素质是影响项目进度的一个主要方面。施工人员对施工图纸的理解,对施工工艺的熟悉程度和操作技能水平等因素都可能对项目能否按计划顺利完成产生影响,

4.参与方沟通和衔接不畅

建设项目往往会消耗大量的财力和物力,如果没有一个详细的资金、材料使用计划是很难完成的。在项目施工过程中,由于专业不同,施工方与业主和供货商的信息沟通不充分、不彻底,业主的资金计划、供货商的材料供应计划与施工进度不匹配,同样也会造成工期的延误。

5.施工环境影响

工程项目既受当地地质条件、气候特征等自然环境的影响,又受到交通设施、区域位置、供水供电等社会环境的影响。项目实施过程中,任何不利的环境因素都有可能对项目进度产生严重影响。因此,必须在项目开始阶段就充分考虑环境因素的影响,并提出相应的应对措施。①

---

①张雷.BIM技术理论及应用[M].济南:山东科学技术出版社,2019:29-31.

（二）传统进度管理的缺陷

传统的项目进度管理过程中事故频发，究其根本在于管理模式存在一定的缺陷，主要体现在以下几个方面。

1.二维CAD设计图形象性差

二维三视图作为一种基本表现手法，将现实中的三维建筑用二维的平、立、侧三视图表达。特别是CAD技术的应用，用电脑屏幕、鼠标、键盘代替了画图板、铅笔、直尺，圆规等手工工具，大大提高了出图效率。尽管如此，由于二维图纸的表达形式与人们现实中的习惯维度不同，所以要弄懂二维图纸存在一定困难，需要通过专业的学习和长时间的训练才能读懂图纸。同时，随着人们对建筑外观美观度的要求越来越高，以及建筑设计行业自身的发展，异形曲面的应用更加频繁，如悉尼歌剧院、国家大剧院、鸟巢等外形奇特、结构复杂的建筑物越来越多。即使设计师能够完成图纸，对图纸的认识和理解也仍有难度。另外，二维CAD设计可视性不强，使设计师无法有效检查自己的设计成果，很难保证设计质量，并且对设计师与建造师之间的沟通形成障碍。

2.网络计划抽象，往往难以理解和执行

网络计划图是工程项目进度管理的主要工具，但也有其缺陷和局限性。首先，网络计划图计算复杂，理解困难，只适合于行业内部使用，不利于与外界沟通和交流；其次，网络计划图表达抽象，不能直观地展示项目的计划进度过程，也不方便进行项目实际进度的跟踪；再次，网络计划图要求项目工作分解细致，逻辑关系准确。这些都依赖于个人的主观经验，实际操作中往往会出现各种问题，很难做到完全一致。

3.二维图纸不方便各专业之间的协调沟通

二维图纸由于受可视化程度的限制，使得各专业之间的工作相对分离。无论是在设计阶段还是在施工阶段，都很难对工程项目进行整体性表达。各专业单独工作或许十分顺利，但是在各专业协同作业时往往就会产生碰撞和矛盾，给整个项目的顺利完成带来困难。

4.传统方法不利于规范化和精细化管理

随着项目管理技术的不断发展，规范化和精细化管理是形势所趋。但是传统的进度管理方法很大程度上依赖于项目管理者的经验，很难形成一种标准化和规范化的管理模式。这种经验化的管理方法受主观因素的影响

很大,直接影响施工的规范化和精细化管理。

(三)BIM技术进度管理优势

BIM技术的引入,可以突破二维的限制,给项目进度管理带来不同的体验,主要体现在以下几个方面。

1.提升全过程协同效率

基于3D的BIM沟通语言,简单易懂、可视化好,大大加快了沟通效率,减少了理解不一致的情况;基于互联网的BIM技术能够建立起强大高效的协同平台:所有参建单位在授权的情况下,可随时、随地获得项目最新、最准确、最完整的工程数据,从过去点对点传递信息转变为一对多传递信息,效率提升,图纸信息版本完全一致,从而减少传递时间和版本不一致导致的施工失误;通过BIM软件系统的计算,减少了沟通协调的问题。传统靠人脑计算3D关系的工程问题探讨,容易产生人为的错误,BIM技术可减少大量问题,同时也减少协同的时间投入;另外,现场结合BIM、移动智能终端拍照,也大大提升了现场问题沟通效率。

2.加快设计进度

从表面上来看,BIM设计减慢了设计进度。产生这样结论的原因,一是现阶段设计用的BIM软件确实生产率不够高,二是当前设计院交付质量较低。但实际情况表明,使用BIM设计虽然增加了时间,但交付成果质量却有明显提升,在施工以前解决了更多问题,推送给施工阶段的问题大大减少。这对总体进度而言是大大有利的。

3.碰撞检测减少了变更和返工进度损失

BIM技术强大的碰撞检查功能,十分有利于减少进度浪费。大量的专业冲突拖延了工程进度,大量废弃工程、返工的同时,也造成了巨大的材料、人工浪费。当前的产业机制造成设计和施工的分家,设计院为了效益,尽量降低设计工作的深度,交付成果很多是方案阶段成果,而不是最终施工图,里面充满了很多深入下去才能发现的问题,需要施工单位的深化设计,由于施工单位技术水平有限和理解问题,特别是在当前建筑工程较多的情况下,专业冲突十分普遍,返工现象常见。在中国当前的产业机制下,利用BIM系统实时跟进设计,第一时间发现问题,解决问题,带来的进度效益和其他效益都是十分惊人的。

4.加快招投标组织工作

设计基本完成后,要组织一次高质量的招投标工作,但编制高质量的工程量清单要耗时数月。一个质量低下的工程量清单将导致业主方巨额的损失,利用不平衡报价很容易造成更高的结算价。利用基于BIM技术的算量软件系统,大大加快了计算速度和计算准确性,加快招标阶段的准备工作,同时提升了招标工程量清单的质量。

5.加快支付审核

当前很多工程中,由于付款过程争议挫伤承包商积极性,影响到工程进度并非少见。业主方缓慢的支付审核往往引起承包商合作关系的恶化,甚至影响到承包商的积极性。业主方利用BIM技术的数据能力,快速校核反馈承包商的付款申请单,则可以大大加快期中付款反馈机制,提升双方战略合作成果。

6.加快生产计划、采购计划编制

工程中经常因生产计划、采购计划编制缓慢影响了进度。急需的材料、设备不能按时进场,造成窝工影响了工期。BIM改变了这一切,随时随地获取准确数据变得非常容易,制订生产计划、采购计划大大缩短了用时,加快了进度,同时提高了计划的准确性。

7.加快竣工交付资料准备

基于BIM工程实施过程中所有资料可随时挂接到工程BIM数据模型中,竣工资料在竣工时即已形成。竣工BIM模型在运维阶段还将为业主方发挥巨大的作用。

8.提升项目决策效率

传统的工程实施中,由于大量决策依据、数据不能及时完整地提交出来,决策被迫延迟,或决策失误造成工期延误的现象非常多见。实际情况中,只要工程信息数据充分,决策并不困难,难的往往是决策依据不足,数据不充分,有时导致领导难以决策,有时导致多方谈判长时间僵持,延误工程进展。BIM形成工程项目的多维度结构化数据库,整理分析数据几乎可以实时实现,完全没有了这方面的难题。

(四)BIM技术进度管理的应用

BIM在工程项目进度管理中的应用体现在项目进行过程中的各个方面,下面仅对其关键应用点进行具体介绍。

1.BIM施工进度模拟

当前,建筑工程项目管理中经常用于表示进度计划的甘特图,该图由于专业性强,可视化程度低,无法清晰描述施工,进度以及各种复杂关系,难以准确表达工程施工的动态变化过程。通过将BIM与施工进度计划相链接,将空间信息与时间信息整合在一个可视的4D(3D+Time)模型中,不仅可以直观、精确地反映整个建筑的施工过程,还能够实时追踪当前的进度状态,分析影响进度的因素,协调各专业,制定应对措施,以缩短工期、降低成本、提高质量。

目前,常用的4D-BIM施工管理系统或施工进度模拟软件很多,利用此类管理系统或软件进行施工进度模拟大致分为以下步骤:(1)将BIM模型进行材质赋予;(2)制订Projet计划;(3)将Projet文件与BIM模型链接;(4)制定构件运动路径,并与时间链接;(5)设置动画视点并输出施工模拟动画。

通过4D施工进度模拟,能够完成以下内容:基于BIM施工组织,对工程重点和难点的部位进行分析,制定切实可行的对策;依据模型,确定方案、排定计划、划分流水段。BIM施工进度利用季度卡来编制计划:将周和月结合在一起,假设后期需要任何时间段的计划,只需在这个计划中过滤一下即可自动生成;做到对现场的施工进度进行每日管理。

在某工程链接施工进度计划的4D施工进度模拟中可以看出指定某时刻的施工进度情况,并与施工现场进行对比,对施工进度进行调控。出具施工进度模拟动画,可以指导现场工人当天的施工任务。

2.BIM施工安全与冲突分析系统

第一,施工时结构和支撑体系的安全分析。通过模型数据转换机制,自动由4D施工信息模型生成结构分析模型,进行施工时结构与支撑体系任意时间点的力学分析、计算和安全性能评估。

第二,施工过程进度、资源、成本的冲突分析。通过动态展现各施工阶段的实际进度与计划的对比关系。实现进度偏差和冲突分析及预警;指定任意日期,自动计算所需人力、材料、机械、成本,进行资源对比分析和预警;根据清单计价和实际进度计算实际费用,动态分析任意时间点的成本及其影响关系。

第三,场地碰撞检测。基于施工现场4D时间模型和碰撞检测算法,可对构件与管线、设施与结构进行动态碰撞检测和分析。

3.BIM建筑施工优化系统

建立进度管理软件P3/P6数据模型与离散事件优化模型的数据交换,基于施工优化信息模型,实现基于BIM和离散事件施工进度、资源以及场地优化和过程的模拟。

通过对各项工序的模拟计算,得出工序工期、人力、机械、场地等资源的占用情况,对施工工期、资源配置以及场地布置进行优化,实现了多个施工方案的比选。

将4D施工管理与施工优化进行数据集成,实现了基于过程优化的4D施工可视化模拟。

4.三维技术交底及安装指导

由于工人文化水平不高,在大型复杂工程施工技术交底时,工人往往难以理解技术要求。针对技术方案无法细化、不直观、交底不清晰的问题,解决方案是:应改变传统的思路与做法(通过纸介质表达),转由借助三维技术呈现技术方案,使施工重点、难点部位可视化,提前预见问题,确保工程质量,加快工程进度。三维技术交底即通过三维模型让工人直观地了解自己的工作范围及技术要求,主要方法有两种:一种是虚拟施工和实际工程照片对比;另一种是将整个三维模型进行打印输出,用于指导现场的施工,方便现场的施工管理人员拿图纸进行施工指导和现场管理。

对钢结构而言,关键节点的安装质量至关重要。安装质量不合格,轻者将影响结构受力形式,重者将导致整个结构的破坏。三维BIM模型可以提供关键构件的空间关系及安装形式,方便技术交底与施工人员深入了解设计意图。

5.移动终端现场管理

采用无线移动终端、Web及RFID等技术,全过程与BIM模型集成,实现数据库化、可视化管理,避免任何一个环节出现问题给施工和进度质量带来影响。

BIM是从美国发展起来的,之后逐渐扩展到日本、欧美、新加坡等发达国家,2002年之后国内开始逐渐接触BIM技术和理念。从应用领域上看,国外已将BIM技术应用在建筑工程的设计、施工以及建成后的运营维护阶段;国内应用BIM技术的项目较少。大多集中在设计阶段,缺乏施工阶段的应用。BIM技术发展缓慢直接影响其在进度管理中的应用,国内BIM技术在工程项目进度管理中的应用主要需要解决软件系统、应用标准和应用模式等方面的问题。目前,国内BIM应用软件多依靠国外引进,但类似软件不能满足国内的规范和标准要求,必须研发具有自主知识产权的相关软件或系统,如基于BIM的4D进度管理系统,才能更好地推动BIM技术在国内工程项目进度管理中的应用,提升进度管理效率和项目管理水平。BIM标准的缺乏是阻碍BIM技术功能发挥的主要原因之一,国内应该加大BIM技术在行业协会、大专院校和科研院所的研究力度,相关政府部门应给予更多的支持。另外,目前常用的项目管理模式阻碍了BIM技术效益的充分发挥,应该推动与BIM相适应的管理模式应用,如综合项目交付模式,把业主、设计方、总承包商和分包商集合在一起,充分发挥BIM技术在建筑工程全生命周期内的效益。

二、基于BIM的成本管理

(一)成本管理的难点

成本管理的过程是运用系统工程的原理,对企业在生产经营过程中发生的各种耗费进行计算、调节和监督的过程,也是一个发现薄弱环节,挖掘内部潜力,寻找一切可能降低成本途径的过程。科学地组织、实施成本控制,可以促进企业改善经营管理,转变经营机制,全面提高企业管理水平,使企业在市场竞争的环境下生存、发展和壮大。然而,工程成本控制一直是项目管理中的重点及难点,主要难点如下。

1.数据量大

每一个施工阶段都牵涉大量材料、机械、工种、消耗和各种财务费用,人、材、机和资金消耗都要统计清楚,数据量十分巨大。面对如此巨大的工作量,实行短周期(月、季)成本在当前管理手段下难以实现。随着工程进展,应付进度工作自顾不暇,过程成本分析、优化管理就只能搁在一边。

2.牵涉部门和岗位众多

实际成本核算,传统情况下需要预算、材料、仓库、施工、财务多部门多岗位协同分析汇总数据,才能汇总出完整的某时点实际成本。某个或某几个部门不实行,整个工程成本汇总就难以做出。

3.对应分解困难

材料、人工,机械甚至一笔款项往往用于多个成本项目,做好拆分分解工作,对专业的要求相当高,难度也非常高。

4.消耗量和资金支付情况复杂

对于材料而言,部分进库之后并未付款,部分付款之后并未进库,还有出库之后未使用完以及使用了但并未出库等情况;对于人工而言,部分已干活但并未付款,部分已付款但并未干活,还有干完活仍未确定工价;机械周转材料租赁以及专业分包也有类似情况。情况如此复杂,成本项目和数据归集在没有一个强大的平台支撑情况下,不漏项做好三个维度(时间、空间、工序)的对应很困难。

(二)BIM技术成本管理优势

基于BIM技术的成本控制具有快速、准确、分析能力强等很多优势。

1.快速

建立基于BIM的5D实际成本数据库,汇总分析能力大大加强,速度快,短周期成本分析不再困难,工作量小、效率高。

2.准确

成本数据动态维护的准确性大为提高,通过总量统计的方法,消除累积误差,成本数据随进度进展准确度越来越高;数据粒度达到构件级,可以快速提供支撑项目各条线管理所需的数据信息,有效提升施工管理效率。

3.精细

通过实际成本BIM模型,很容易检查出哪些项目还没有实际成本数据,监督各成本实时盘点,提供实际数据。

4.分析能力强

可以多维度(时间、空间、工序)汇总分析更多种类、更多统计分析条件的成本报表,直观地确定不同时间点的资金需求,模拟并优化资金筹措和使用分配,实现投资财务收益最大化。

5.提升企业成本控制能力

将实际成本BIM模型通过互联网集中在企业总部服务器上,企业总部成本部门、财务部门就可共享每个工程项目的实际成本数据,实现了总部与项目部的信息对称。

(三)BIM技术成本管理的应用

基于BIM技术,建立成本的5D(3D实体、时间、工序)关系数据库,以各工序单位工程量人机料单价为主要数据进入成本BIM中,能够快速实行多维度(时间、空间、工序)成本分析,从而对项目成本进行动态控制。其解决方案操作方法如下。

1.创建基于BIM的实际成本数据库

建立成本的5D(3D实体、时间、工序)关系数据库,让实际成本数据及时进入5D关系数据库中,成本汇总、统计、拆分对应瞬间可得。以各工序单位工程量人机料单价为主要数据进入实际成本BIM中。未有合同确定单价的项目,按预算价先进入;有实际成本数据后,及时按实际数据替换掉。

2.按实际成本数据及时进入数据库

初始实际成本BIM中,成本数据以采取合同价和企业定额消耗量为依据。随着进度进展,实际消耗量与定额消耗量会有差异,要及时调整。每月对实际消耗进行盘点,调整实际成本数据。化整为零,动态维护实际成本BIM,大幅减少一次性工作量,有利于保证数据的准确性。

3.快速实行多维度(时间、空间、工序)成本分析

建立实际成本BIM模型,周期性(月、季)按时调整维护好该模型,统计分析工作就很轻松,软件强大的统计分析能力可轻松满足我们各种成本分析需求。

下面将对BIM技术在工程项目成本控制中的应用进行介绍。

(1)快速精确的成本核算

BIM是一个强大的工程信息数据库。进行BIM建模所完成的模型不仅包含二维图纸中所有位置、长度等信息,还包含了二维图纸中不包含的材料等信息,而这背后是强大的数据库支撑。因此,计算机通过识别模型中的不同构件及模型的几何物理信息(时间维度,空间维度等),对各种构件的数量进行汇总统计。这种基于BIM的算量方法,将算量工作大幅度简化,减少了因为人为原因造成的计算错误,大量节约了人力的工作量。有研究表明,工程量计算的时间在整个造价计算过程占到了50%~80%,而运用BIM算量方法会节约将近90%的时间,而误差也控制在1%的范围之内。

(2)预算工程量动态查询与统计

工程预算存在定额计价和清单计价两种模式。自《建设工程工程量清单计价规范》发布以来,建设工程招投标过程中清单计价方法成为主流。在清单计价模式下,预算项目往往基于建筑构件进行资源的组织和计价,与建

筑构件存在良好的对应关系,满足BIM信息模型以三维数字技术为基础的特征,故而应用BIM技术进行预算工程量统计具有很大优势:使用BIM模型来取代图纸,直接生成所需材料的名称、数量和尺寸等信息,而且这些信息将始终与设计保持一致,在设计出现变更时,该变更将自动反映到所有相关的材料明细表中,造价工程师使用的所有构件信息也会随之变化。

在基本信息模型的基础上增加工程预算信息,即形成了具有资源和成本信息的预算信息模型。预算信息模型包括建筑构件的清单项目类型、工程量清单、人力、材料、机械定额和费率等信息。通过此模型,系统能识别模型中的不同构件,并自动提取建筑构件的清单类型和工程量(如体积、质量、面积、长度等)等信息,自动计算建筑构件的资源用量及成本,用以指导实际材料物资的采购。

系统根据计划进度和实际进度信息,可以动态计算任意工序节点,任意时间段内每日计划工程量、计划工程量累计、每日实际工程量、实际工程量累计,帮助施工管理者实时掌握工程进度,为施工阶段工程款结算提供数据支持。

另外,从BIM预算模型中提取相应部位的理论工程量,从进度模型中提取现场实际的人工、材料、机械工程量,通过将模型工程量、实际消耗、合同工程量进行短周期三量对比分析,能够及时掌握项目进展,快速发现并解决问题。根据分析结果为施工企业制定精确的人、机、材计划,大大减少了资源、物流和仓储环节的浪费,及时掌握成本分布情况,进行动态成本管理。

4.限额领料与进度款支付管理

限额领料制度一直很健全,但用于实际却难以实现,主要存在的问题有:材料采购计划数据无依据,采购计划由采购员决定,项目经理只能凭感觉签字;施工过程工期紧,领取材料数量无依据,用量上限无法控制;限额领料假流程,事后再补单据。那么如何对材料的计划用量与实际用量进行分析对比呢?BIM的出现为限额领料提供了技术和数据支撑。基于BIM软件,在管理多专业和多系统数据时,能够采用系统分类按构件类型等方式对整个项目数据进行管理,为视图显示和材料统计提供了便捷。

传统模式下工程进度款申请和支付结算工作较为烦琐,基于BIM能够快速准确地统计出各类构件的数量,减少预算的工作量,且能形象、快速地完成工程量拆分和重新汇总,为工程进度款结算工作提供技术支持。

(1)以施工预算控制人力资源和物质资源的消耗

在工程开工以前,利用 BIM 软件进行建模,通过模型计算工程量,并按照企业定额或上级统一规定的施工预算,结合 BIM 模型,编制整个工程项目的施工预算,作为指导和管理施工的依据。对生产班组的任务安排:必须签收施工任务单和限额领料单,并向生产班组进行技术交底,要求生产班组根据实际完成的工程量和实耗人工、实耗材料做好原始记录,作为施工任务单和限额领料单结算的依据。任务完成后,根据回收的施工任务单和限额领料进行结算,并按照结算内容支付报酬(包括奖金)。任务完成后进行施工任务单和限额领料单与施工预算的对比,要求在编制施工预算时对每一个分项工程工序名称进行编号,以便对号检索、对比、分析。

(2)设计优化与变更成本管理、造价信息实施追踪

BIM 模型依靠强大的工程信息数据库,实现了二维施工图与材料、造价等各模块的有效整合与关联变动,使得实际变更和材料价格变动可以在 BIM 模型中进行实时更新。变更各环节之间的时间被缩短,效率提高,更加及时准确地将数据提交给工程各参与方,以便各方做出有效的应对和调整。目前 BIM 的建造模拟职能已经发展到了 5D 维度。5D 模型集三维建筑模型、施工组织方案、成本及造价等三部分于一体,能实现对成本费用的实时模拟和核算,并为后续建设阶段的管理工作所利用,解决了阶段割裂和专业制裂的问题。BIM 通过信息化的终端和 BIM 数据后台将整个工程造价的相关信息顺畅地流通起来,从企业级的管理人员到每个数据的提供者都可以监测,保证了各种信息数据及时准确的调用、查询、核对。

第七章　BIM 在老旧小区节能改造运维阶段的应用

第一节　老旧小区节能改造运维阶段概述

　　建筑运维管理是整合人员、设施和技术,对人员工作、生活空间进行规划、整合和维护,以满足人员在工作中的基本需求,支持公司的基本活动并增加投资收益的过程。运维管理的对象包括建筑、家具、设备等硬件和人、环境、安全等软件。其范畴主要包括以下五个方面:空间管理、设备管理、安防管理、应急管理、能耗管理,如图7-1所示。[①]

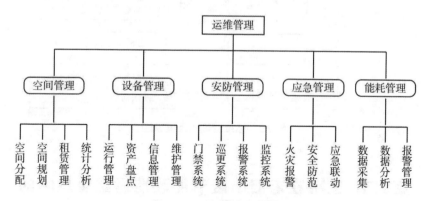

图7-1　运维管理结构图

　　运维阶段信息量非常大,管理工作复杂,可用结构图的形式表达运维管理的信息框架,如图7-2所示。

---

①袁竞峰,李明勇.BIM技术与现代化建筑运维管理[M].南京:东南大学出版社,2018:8-9.

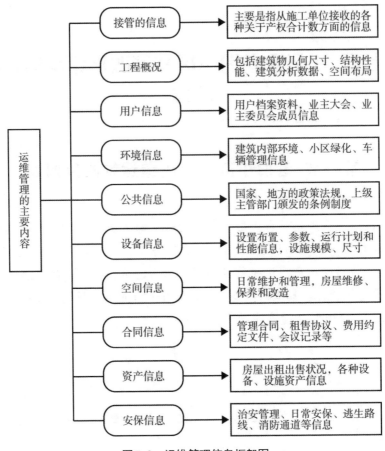

图 7-2　运维管理信息框架图

第二节　BIM 在老旧小区节能改造运维管理中的应用优势

在传统的工作流程中,设计、施工建造阶段的数据资料往往无法完整地保留到运维阶段,例如建设途中多次变更设计,但此信息通常不会在完工后妥善整理,造成运维上的困难。BIM 技术让建筑运维阶段有了新的技术支撑,大大提高了管理效率。[①]

在传统建筑设施维护管理系统中,多半还是以文字的形式列表展现各

[①] 张立茂,吴贤国.BIM技术与应用[M].中国建筑工业出版社,2017:79-83.

类信息,但是文字报表有其局限性,尤其是无法展现设备之间的空间关系。当BIM导入到运维阶段之后,除了可以利用BIM模型对项目整体做了解之外,模型中各个设施的空间关系,建筑物内设备的尺寸、型号、口径等具体数据,也都可以从模型中完美展现出来,这些都可以作为运维的依据,并且合理、有效地应用在建筑设施维护与管理上。

BIM在建筑设施维护管理方面除了具有资料整合的优点外,管理方式也跟以往有很大的不同。传统运维管理往往表现为设备资料库展开的清单或列表,记录每个设备的维护记录。对于现在建筑追求的可持续发展来说,BIM应用于运维阶段具有非常重要的现实意义,当应用了BIM之后,借助BIM中的空间信息与3D可视化的功能,可以达成以往无法做到的事情:(1)提供空间信息:基于BIM的可视化功能,可以快速找到该设备或是管线的位置以及发现附近管线、设备的空间关系。(2)信息更新迅速:由于BIM是构件化的3D模型,新增或移除设备均非常快速,也不会产生数据不一致的情形。

第三节 BIM在老旧小区节能改造运维阶段的具体应用

在老旧小区的改造过程中,由于建筑的老化,很多基础设施年久失修,所以改造工程面临着诸多困难。将BIM技术应用到老旧小区的改造之中,可以通过数字模型的建立,让工程得到良好的规划与控制,进而有效地解决很多问题。

一、BIM技术

BID技术是建筑信息模型的简称,它是建筑学、工程学以及土木工程学之中的一种新技术。应用这一技术,可以通过三维图形、物件导向以及和建筑学相关的电脑辅助设计,来实现建筑信息的集成,进而将所有的建筑信息都集中在三维模型的信息数据库之中,对施工起到良好的协助作用。通过BIM技术的应用,可以有效提升施工效率,降低施工成本,减少施工之中的资源消耗,进而达到可持续发展的目标。

二、BIM技术在老旧小区改造之中的应用分析

(一)BIM技术在改造前期的应用

对于老旧小区而言,对其前期的资料进行调研以及收集是一件十分复

杂的事情,因此,设计者应该深入调研和分析原有的结构。首先,应该对老旧小区之中的建筑结构体系以及构造情况进行检测,并检测其材料的性能。其次,就是对老旧小区之中的建筑和其周边的空间环境进行分析,全面分析老旧小区之中的建筑和周边环境之间的关系是否协调。在此过程中,通过BIM技术的应用,就可以得出指导性的结论,进而实现对老旧小区功能布局的合理化改造设计,并实现对老旧小区之中建筑的造型改造。同时,因为老旧小区的建筑和各项设施资料通常保留不全,所以只有到现场进行测量,因此,通过普通的方法进行前期的测绘和调研,将会浪费很多的时间,而且很容易造成比较大的误差。因此,在这一过程中,将BIM技术应用进来,不仅可以让前期的测绘效率得到显著提升,也可以对老旧小区实现更加准确客观的前期调研。应用BIN技术,采用三维激光扫描的形式,将老旧小区之中的建筑以及其他设施的情况以信息数据的形式载入电脑,同时载入BIM软件之中,就可以在改造的时候进行逆向的比较。这就使老旧小区的前期调研以及分析效率得以显著提升。[1]

(二)BIM技术在改造之中的应用

因为传统的老旧小区改造方法在科学性和系统性方面都存在着一定的不足,所以改造完的成果也就会出现很多问题。将BIM技术应用到老旧小区的改造之中,首先,通过信息模型来进行老旧小区的改造设计,可视化的模型对于甲方的修改以及决策都有着很好的帮助作用,进而可以实现小区改造模型的完善,避免反复设计的情况发生。其次,通过BIM技术可以为老旧小区的改造提供出一个统一的数字化表达方式,通过这一表达方式,可以让模型之中所包含的信息得到有效传递,进而全面实现信息共享。BIM模型可以为老旧小区在改造的整个生命周期之内提供服务,其中有虚拟改建、性能分析、功能模拟以及技术经济的计算等方面的服务,可以在老旧小区的改造施工以及运维之中得以充分利用。另外,BIM模型技术可以通过将模型导入相应的软件来实现碰撞检查,对诸多的冲突和问题做到及时发现,进而使其得以有效避免。在对模型加以优化之后,模型的图片以及二维图纸就可以及时出具,进而对老旧小区改造工程的实现起到良好的指导作用。

---

[1]殷许鹏,倪红梅,李盛斌.建筑BIM技术应用[M].长春:吉林大学出版社,2017:24-25.

（三）BIM技术在建筑性能改造设计中的应用

通过传统方式进行老旧小区的建筑改造，通常都是凭借经验或者是简单设计对改造性能及其优劣进行判断，这样就会导致判断出现一系列的问题甚至错误。将BIM技术应用到老旧小区建筑性能的改造设计之中，可以对建筑的性能做到全面合理的分析，进而让建筑在日常生活之中的基本功效得以满足。通过BIM这一技术的特征，设计者可以将大量的数据信息以及材料性能加入老旧小区建筑性能改造的设计图纸之中，进而得出更加高效、节能的建筑改造方案。

（四）BIM技术在预算之中的应用

在BIM软件之中，Revit软件的工程明细表不仅可以实现对类别、类型以及材质等的分类以及汇总，而且还可以实现对原始小区图纸的抄绘以及对老旧小区建筑和其他设施结构的统计，进而在计算机上自动生成列表。同时，应用BIM技术所生成的明细表还可以对整个工程量进行表达，在明细表之中，又可以将材料型号、规格以及价格等信息予以详细展示。通过这样的方式，就可以对老旧小区改造过程中整个工程的预算进行快速准确的核算。

综上，在当今的老旧小区改造工程之中，将BIM技术加以合理应用，不仅可以实现对数字化模型的建立，也可以有效促进改造工程的效率和质量，更能够通过精准的预算来实现工程成本的节约。由此可见，BIM技术在当今的老旧小区改造工程之中有着十分显著的优势。

第四节 老旧小区节能改造项目运营中BIM与物联网的应用

物联网在楼宇智能管理、物业管理和建筑物的运行维护方面将发挥更大的作用。仅从建筑物外表我们不可能了解其真面目，因为有许多管线都是隐蔽在楼板和墙体中的，众多开关阀门遍布于建筑物的各个角落，如果没有图纸要找到某个阀门几乎是不可能的，特别是一些复杂结构的建筑，而图纸一般都保存在档案馆内，要去查阅，手续是极为麻烦的，那么我们有什么好的办法能实现对楼宇内相关物体的即时查找和定位呢？只有把建筑物数字化，建立整个建筑信息模型，才能实现更有效的管理。BIM是物联网应用的基础数据模型,是物联网的核心和灵魂,正如 BIM 是 ERP 基础数据一样,物联网应用不能脱离 BIM。没有 BIM,物联网的应用就会受到限制,就无法深入到建筑物的内核,因为许多构件和物体是隐蔽的,存在于肉眼看不见的深处,只有通过 BIM 模型才能一览无遗,展示构件的每一个细节。这个模型是三维可视和动态的,涵盖了整个建筑物中所有信息,然后与楼宇控制中心集成关联。在整个建筑物生命周期中,建筑物运行维护的时间最长,所以建立建筑信息模型显得尤为重要和迫切。建筑信息模型目前在设计阶段应用较多,但还没进入建造和运营阶段的应用。一旦在建造和运营阶段得到应用将产生极大的价值。①

BIM 与物联网二者的结合,将智能建筑提升到智慧建筑新高度,开创了智慧建筑的新时代,是建筑业下一个重要发展方向。

物联网概念的问世,彻底颠覆之前的传统思维方式。过去的思路一直是将物理基础设施和 IT 基础设施分开:一方面是建筑物、公路等,而另一方面是数据中心、网络等。而在物联网时代,把感应器等芯片嵌入和装备到铁路、桥梁、隧道、公路、建筑、供水系统、电网、大坝、油气管道、钢筋混凝土、管线等各种物体中,然后将物联网与现有的互联网整合为统一的基础设施,实现人类社会与物理系统的整合,达到对整合网络内的人员、机器、设备和基础设施实施实时的管理和控制的目的。物联网就是把物体数字化,在此意义上,基础设施更像是一块新的地球工地,世界的运转就在它上面进行,其中包括经济管理、生产运行、社会管理乃至个人生活等各个方面。

第五节 老旧小区节能改造项目运营中 BIM 与 RFID 的应用

一、BIM 和 RFID 的应用分析

(一)BIM 应用分析

BIM 的含义包括以下二种:狭义为一种特定的数字化模型,该模型涵盖了建筑方面的全部信息;广义即工程整体生命周期的过程中,不断产生数据并加以管理。在传统工程项目中,项目各环节并没有完善信息传输的机制,

---

①刘荣桂.BIM 技术及应用[M].北京:中国建筑工业出版社,2017:15-19

很难统一各环节在进行中的工作联系,无法系统达成总体战略目标,不仅如此,还对本领域的技术进步、管理改善等产生消极影响。BIM旨在解决不良现象,模型中存在的参数化及关联统一的数据,让处于BIM工程生命周期所有环节中的信息更加明晰,不仅如此,操作工艺也简单方便。

以往在理论规划过程中,并未合理加入施工现场因素带来的影响,易发生管线碰撞、工序混乱等现象,进而在建设过程中出现怠工、窝工的情况,随着BIM模型的深入拓展,设计师可以更好地协调设计规划,了解模型演练之后的施工情况,并从根本上避免出现施工碰撞。施工单位在管线安装过程中,也可自查管线碰撞。

(二)RFID技术应用分析

射频识别技术(RFID)以无限点技术为依托识别指定对象,最后完成对数据的读写操作技术。RFID可在电子标签与读码器相隔一定距离的情况下进行,即运作过程中不需要直接接触,可以通过电磁场耦合或空间磁场交换信息。利用读码器,读写物体对象上的RFID标签,从而解译出有效信息。相比其他技术,RFID拥有远程读取和辨识数据的功能。[①]

(三)BIM-RFID集成技术的应用分析

当施工进度出现延期时,BIM与RFID相结合可有效改变手动报告的方式,有利于相关工作者能够及时收到反馈,保障信息较高的可信度,最终提升总体效率。这二种技术的结合使用也较简单,流程如下:(1)使用RFID搜集现场数据;(2)把整理好的数据传输至BIM模型中;(3)在BIM模型中进行误差评价。通过RFID对施工现场人员进行定位,与BIM相集成,可实现区域人员信息掌控及危险、敏感区域预警等功能。

二、BIM-RFID技术集成应用的系统架构

(一)规划设计阶段的管理

1.模型构建及图纸绘制

修改模型中某个构件的参数信息时,相应的所有构件信息都会随之变化,相应的视图也会做进一步改变。以往设计中,一般使用图纸及人工描绘的方式进行作业,中间若有一些错误或遗漏,都可能毁坏整个设计。而在新的模型下,可以更方便地修改平、立、剖等图,解决错、漏、缺信息对应不好的

---

①任青,高恒聚.BIM技术基础[M].上海:上海交通大学出版社,2017:96-102.

情况。

2.协同工作及施工冲突检查

当水电管线与结构间发生冲突时,通过碰撞检查,能在设计阶段找到问题,避免后期工程因变更而增加成本和延误工期。当相关工作者修正结构图时,BIM系统会自动提示出现的错误,在早期的设计工作中,业主及作业员都可以依据自身的观念和经验做出更全面的认识,然后把这种认识融入设计中,不仅可以大大提高主观与客观方面的准确率,还可以及时改正由于信息闭塞带来的设计不合理等缺陷。

3.工程量统计与造价管理

使用BIM技术时,工作人员不仅可以在模型里的数据中得到更准确的工程量,还可以利用API接口及开源式的数据库把相关文件直接连接造价软件,进而改良以往造价方面管理不善的局面。

(二)建造施工阶段的管理

1.构件生产运输阶段的管理

以现场实际工程的进展为导向,将信息实时传输至构件生产工厂,以利于厂家管理层及时调整总体制造工作量,避免出现待工待料等现象。然后依照构件尺寸选择性地使用运送车辆,有利于及时送出急需的或者大型构件;同时也能依据构件的存放方位以及工程所需原料的先后顺序合理安排车辆线路、运输。

2.以RFID技术为使用工具

跟踪构件储存吊装的现场进度,并使用无线技术向中心传导有效信息。集成RFID与BIM技术,不仅可以提高效率,而且还大大提升了准确度。进场后,构件接受查验时,RFID阅读器会被提前设置好,当达到某一指定条件时,便可收集数据。

3.技术交底流程预备

工作期间,BIM可以展现各阶段的模拟工艺,还可立体式地展现新式工艺、科技及难题节点等,最大程度减小误差,不仅加深了各环节的信息交流,还可使该技术得到进一步的发展。

4.混凝土成型稳定性监测

利用RFID技术实时监测混凝土内部温度,难免会出现裂缝,是因为浇筑混凝土时,水温变化使混凝土外面受热部分与里面部分的温差超过某个阈值所致,若及时监控该期间的温度,可以将占地较大混凝土的放热速率控制在可控范围内。另外,由于混凝土易变形、强度较小、转变能力较大,所以需控制固化温度,若控制不好,温度超过设定的阈值,会出现收缩应力加大、强度下降及结构老化等现象,为了让固化时间控制在一定范围内,使生产力得到质的提升,可以采取一定办法让新浇筑混凝土逐渐升温。

(三)运营维护阶段管理

1.物业管理

RFID技术更多在物业中发挥作用,如门禁卡、设施建设方面等。将电子标签安装在各种管线的阀门上,标签中存储阀门的信息,如最后维护时间、维修次数等,工作人员可以使用阅读器方便地找到设施位置,对设施进行相关操作后,RFID标签中写入相应记录,将信息存入集成BIM物业管理系统中。面对突发情况时,可实时启动相应机制,改善出现的缺失,如在水管损毁时及时关闭相应的阀门,更大程度上保障了电梯的安全性等。

2.建筑设施的规模扩大及拆除

针对指定的建筑设施,在保障安全性的基础上,进行内部改造(如往墙壁中添加电线、水管等)。通过RFID和BIM数据库,能准确地将填充体构件安装于对应的房间中。当建筑物进入拆除阶段时,比对RFID及BIM数据库中原有的数据,然后通过科学的方法进行计算,不仅减少支出,还节约自然资源。

三、RFID在实际应用中的技术研究

RFID系统在多种要求及实际环境下,其组成也有相应的差异。依据RFID系统的运行机理,标准的RFID系统通常由电子标签、阅读器、中间件及软件系统等组成。

不同的应用场景,对应不同的RFID系统,而系统成本与其能达到的功能要求,则是在施工应用中选用RFID系统需要考虑的因素。

(一)人员识别中的技术研究

施工人员进出的情况非常复杂,存在大流量进出、逗留、折返等行为,且涉及人员考勤和安全管理等问题,对精度要求高。施工现场的人员管理可结合学生进出校园的RFID技术体系,并加以改进,使之符合施工现场管理要求,达到成本低和性能高的双要求。在兼顾卡片成本的情况下,解决2.4G

RFID技术远距离人员识别与进出管理应用场景漏读或误读的问题,是施工现场利用RFID进行人员管理的重点与方向。

当前RFID进出管理系统主要采用单频RFID技术,存在识读率不高、漏读、误读等原理性缺陷,因为2.4G RFID信号无法实现精确的覆盖区域控制。而125K低频信号具有较好的覆盖区域控制能力,精度可控制在30cm,且受人体与环境的影响较小,但覆盖范围小。结合低频与高频的优点,可实现100%的识读率。

改进后的技术方案,主要包括双频RFID卡片、3D低频触发器、2.4G阅读器、通信网关及中间件产品。双频RFID卡片包括125KHz低频唤醒部分,2.4GHz远距离通信部分以及13.56M近距离应用及安全单元部分;多频RFID识读点设备包括125KHz 3D低频触发器、2.4G阅读器及通信网关。

双频RFID卡片进过125K 3D频触发器覆盖区域,卡片125K唤醒单元被触发后判断触发器ID,若合法,则将卡片ID信息发送给2.4G RFID阅读器单元。2.4G RFID阅读器单元接收卡片信息,将卡片信息转发给通信网关。通信网关处理接收的卡片数据信息,判断出进出行为状态,将卡片信息以及进出状态通过中间件发送给系统平台。

该技术方案采用3D立体低频触发器设计,减少RFID卡片的成本与体积;优化出入判断算法,适应工地应用场景,无漏读、无误判、兼顾实时性;设计空中无线接口,克服卡片与识读基站间的同频干扰及卡片密集发送环境下数据因空间冲突而导致失败等问题;通过采用大容量锂锰电池、应用模型的硬件休眠算法,增加RFID卡片使用寿命;3D低频触发器、阅读器、通信网关采用免调试设计,现场施工只需布线,大大降低了施工难度,减少了施工成本。

改进后的技术方案,成本节约30%,进出判断成功率100%,密集识读卡片数量>200张,卡片使用寿命>5年。

(二)预制件识别中的技术研究

为提高效率,生产、物流、安装环节需采用RFID有源电子标签,才可实现远距离批量识读,由于RFID有源电子标签成本较高,一次性使用对预制件成本压力较大。如何解决物流管理要求的批量远距离识读性能与溯源要求一次性使用成本的矛盾是本项目的主要难点。

为解决上述问题,考虑电子标签需要内嵌混凝土,且需批量远距离识读,提出有源2.45G+915M RFID复合电子标签。采用有源RFID电子标签复合125K低频电子标签的方式,其中有源RFID电子标签采用可回收方式,在完成生产管理、物流管理、施工管理流程后回收,将125K低频电子标签部分埋置于预制件中,用于20年寿命期的溯源管理。

1.复合RFID电子标签安装

安装底盒用于固定复合RFID电子标签,规范RFID电子标签的安装位置。根据不同预制件类型,调整安装底盒的高度,使无源电子标签埋置于混凝土下1cm处。利于后期溯源识读效果,降低识读设备的成本。将无源125K电子标签粘贴于底盒表面,用于溯源管理。将有源RFID电子标签置于无源电子标签之上,其高度为现场混凝土覆盖厚度。完成物流管理后,剪掉系绳,重复使用。有源RFID电子标签采用软包电池,使用寿命＞6年。

2.复合RFID电子标签数据一致性管理

125K低频读卡模块读取低频RFID电子标签数据,有源RFID读卡部分读取RFID电子标签数据,采用大数原理,过滤其他RFID电子标签的干扰数据,将低频电子标签数据写入有源电子标签单元,实现有源无源电子标签数据绑定的一致性;优化预制件批量进出判断算法,实现无误判、无漏读。

作为促进建筑业未来发展的一项重要技术,BIM技术已上升为一种新的建筑理念。在老旧小区节能改造中,BIM和RFID技术的应用受到了越来越多的重视,而BIM和RFID技术在应用过程中仍面临许多困难。本书针对RFID系统在实际应用中的技术缺陷进行了改进,提高其性价比。但当前针对BIM和RFID的研究,仍较多停留在理论阶段,在实际项目应用中的技术问题和效益问题,未得到足够关注。随着技术的日渐完善以及人们对技术研究的不断加深,BIM和RFID技术在老旧小区节能改造中的应用会逐步走向成熟。

第八章 基于BIM技术的老旧小区节能改造应用带来的预期效益

第一节 基于BIM技术的老旧小区节能改造带来的效益分析

一、成本评价

按照老旧小区节能改造的特点以及改造内容划分,老旧小区节能改造主要分为:小区内既有建筑改造(围护结构、室内采暖系统、给水排水系统、电气改造、管网改造)、小区环境保护(小区的绿化及社区美化)、小区内的排水系统改造、再生能源的获取、立体停车场改造、小区公共配套设施的改造、改造拆除、改造运营维护等。

(一)改造成本

老旧小区节能改造成本分为老旧小区既有建筑改造成本和小区公共区域的改造成本。既有建筑改造的成本包括围护结构改造成本、可再生资源成本、节能改造成本、暖通空调系统改造成本、给水排水系统改造成本、节水改造成本、电气改造成本、管网改造成本、安装电梯成本。小区公共区域改造的成本主要包括老旧小区公共设施配套改造费用、小区绿化成本、停车场改造成本、小区排水系统改造成本、小区美化成本、可再生资源改造成本、节能改造成本等。

(二)维护管理成本

老旧小区节能改造项目的维护管理成本主要包括对小区既有建筑改造的相关设备及部件的更换和后期的维护,例如围护结构的保温层、变频器、管道、管网的更换,以及小区内的相关设备及部件的更换和小区的维护管理费用,等等。

二、技术效益

老旧小区节能改造技术效益主要包括技术的推广、创新性、安全性等方面,设置技术效益是为了促进新技术的利用和创新以及推广,技术效益指标主要从以下三方面进行分析。

(一)技术的安全性

老旧小区节能改造技术的安全性主要指绿色改造技术在使用过程中以及完成项目后,该技术对人身、环境安全等方面带来的影响。现代节能技术越来越发达,而节能技术的应用是一把双刃剑,人类在充分利用技术成果带来的巨大利益同时,必须深入研究技术安全性问题,尽量把节能技术带来的负面影响降到最低。老旧小区节能改造技术目前还处于发展阶段,在认知方面更应该全面考虑对各相关主体的影响。

(二)技术的推广

技术的推广主要指老旧小区节能改造技术在应用过程中通过各种渠道的宣传推广,并结合不同的项目特点形成具有明显适应性的节能技术,从而可以有效地提高对资源的综合利用,节约资源以及明显地减少和避免环境污染与生态破坏。

(三)技术的创新性

技术创新是以科学技术知识及其创造的资源为基础的创新。节能技术创新有利于推动社会可持续发展。老旧小区节能改造技术本身就是一项创新型技术,可以很大程度地改善居民的居住环境。

三、经济效益

老旧小区节能改造的经济效益是指通过改造而取得的资源和能源的节约,老旧小区节能改造所带来的经济效益可以是宏观层面,也可以是微观层面,本书主要研究微观层面的经济效益,主要包括节水量、节电量、节煤(气)量、能源利用率。[①]

(一)节水量

节水量主要包括老旧小区既有建筑节水改造的节水量和小区内的节水量。老旧小区既有建筑节水改造的节水主要包括引入非传统水源分质供水、废水回收二次利用、减压限流、管网漏损控制等措施节约的水量。小区内的节水量主要包括雨水回收利用、地面入渗、下沉绿地、节水绿化等措施

①崔斯文,魏兴. 基于增值寿命的节能改造项目综合效益影响因素动态反馈分析[J]. 科技进步与对策,2014,31(11):147-151.

节约的水量。

（二）节电量

节电量主要是指在老旧小区节能改造过程中节约的用电量。比如对照明进行优化、采用高科技声控灯、利用节能灯等减少了用电量，对空调系统改造减少运行中的电消耗等。

（三）节煤（气）量

节煤（气）量主要是指在节能改造过程中节约的用煤（气）量。比如对燃煤和气的锅炉进行了改造，从而达到了节煤或气的目的。

（四）能源的利用率

老旧小区节能改造的能源利用技术主要包括太阳能、地源热泵、风能、生物质能以及一次性能源。随着社会的发展该技术已逐渐成为度量城市可持续发展的一个重要因素，因此选择把能源利用率作为一个经济指标。不仅体现出对老旧小区改造的经济效果，而且还从另一个侧面为城市可持续发展提供能源利用方面的信息。

四、生态效益

老旧小区节能改造的生态效益主要是指进行绿色改造后，在生态环境等方面产生的效益。如今，生态效益逐渐地受到关注与重视，是评判城市可持续发展的重要因素。

老旧小区节能改造的生态效益主要包括绿色经济价值、小区环境改善、小区空间结构利用、室内环境改善、减排量五方面。

（一）绿色经济价值

绿色经济是以经济与环境和谐为目的的一种新形式，是为适应人类环保与健康需要而产生的一种发展状态。老旧小区节能改造的绿色经济价值强调经济、社会和环境的一体化发展。不仅体现出自然环境的价值，还能引导产业结构的优胜劣汰。

（二）小区环境改善

小区环境是指人类居住的环境。区内安全设施以及绿化是衡量一个小区是否优越的要素之一。人居环境还包括小区文化、小区交通、小区景观、小区是否有污染、治安环境、绿地率、容积率，等等。

（三）小区空间结构利用

老旧小区空间结构的生态性问题比较突出，人文活动对空间结构的需求比较大，老旧小区生态环境及绿化植被对老旧小区的空间结构有一定影响效果。合理地对老旧小区空间结构进行布置，对城市的可持续发展有一定的意义。

（四）室内环境的改善

室内环境是人类为迎合生活、工作和社会活动的需要而建造的与自然环境相对隔离的空间环境。主要包括室内的污染气体、噪音情况、隔音效果、湿度以及舒适度，等等。

（五）减排量

减排是改善老旧小区生态质量、解决老旧小区内生态问题的重要手段。老旧小区改造将显著降低二氧化碳、二氧化硫、氮氧化物以及悬浮颗粒物等环境污染物的排放量，具有明显的生态效益。

五、社会效益

老旧小区节能改造的社会效益包括提高居民素质、带动产业发展和就业机会、社会满意度、节约社会能源、社会绿色改造示范意义、居民健康状况、减少财政损失等。

（一）提高居民素质

对老旧小区进行绿色改造后，居住者的居住舒适度大大提升，小区内不再有陈旧失修的设施，环境方面也变得更加整洁，小区整体风貌有了很好的变化，居民也更加爱护自己的家园，居民的整体素质因此得到了更好的提升。

（二）带动产业发展和就业机会

老旧小区节能改造属于国民经济中的建筑领域，此领域的投资可以对其他相关产业产生带动作用，如绿色科技、服务产业等，从而产生了许多的空缺岗位，提供了更多的就业机会。

（三）社会满意度

老旧小区节能改造的社会满意度属于绿色改造社会效益的非经济属性利益。社会满意度的获取可以通过实地调研以及专家访问的方式，在调查过程中可以了解对绿色改造项目实施的意见、建议以及满意度。

（四）节约社会能源

节约社会能源是促进社会各方面发展的重要因素，属于直接社会效益。老旧小区节能改造的目的就是响应国家节能减排措施的号召，减少建筑能耗高的问题，而所节约的能源有利于推动社会节能计划的实施，更好地推动城市可持续的发展。

（五）社会绿色改造示范意义

老旧小区节能改造正处于初期阶段，在全国范围内并没有进行大量的绿色改造，所以衡量各试点项目改造所产生的社会效益非常重要，可以起到很好的示范作用，极大地推动绿色改造的发展。

（六）居民健康状况

居民健康状况的改善是老旧小区节能改造的社会效益，环境污染的减少、生活质量的提升可以使居民的身体状况变得更加良好，减少了因空气污染而造成的死亡率。居民的幸福感、获得感会随之提高，进而推进了城市的可持续发展。

（七）减少财政损失

减少财政损失主要指老旧小区节能改造完成后对市政经济所产生的影响，主要包括减少的排污费以及水缺口费用。

第二节 基于BIM技术的老旧小区节能改造
住宅产业化的前景

目前，BIM技术理念迅速扩展至整个建筑行业，BIM技术在设计、施工和运维等阶段的应用已经成为我国BIM技术发展的主旋律。为此，政府已出台多项政策指引建筑行业BIM技术的发展。BIM技术将成为中国建筑行业信息化发展的领头羊。

一、产业化的内涵和现状

住宅产业化是一个完整产业链上的系统范畴，需要各个产业部门和上下游企业的统筹协调。根据产业经济学相关理论，可以把住宅产业化的过程分为四个主要阶段：产业化准备阶段：进行产业化政策、住宅建筑标准化研究等基础性工作;初步发展阶段:深入地对产业化技术体系进行研究,初步形成住宅标准化、部品化、工业化,尝试进行试点建设;快速发展阶段:住宅技术体系趋于成熟,生产经营一体化、协作化得到完善,进行规模性的建设;产业化成熟阶段。

自1999年国务院发布《关于推进住宅产业现代化,提高住宅质量的若干意见》以来,我国住宅产业化经历了一个开始推进,但发展缓慢的过程。经过了多年的发展,我国住宅产业化取得了一些进步,但与发达国家相比,产业化水平仍然相对较低,这主要表现在:建筑标准化程度低、住宅部品化程度低、施工工艺仍以现场湿作业为主、劳动生产率低、能源消耗高、没有形成产业化链等。现阶段,我国的住宅产业仍属于粗放型发展的产业,住宅产业化水平仍处于初步发展阶段。

近几年,各地相关文件纷纷出台。2012年12月,浙江省人民政府办公厅发布《浙江省人民政府办公厅关于推进新型建筑工业化的意见》提出:建立我省新型建筑工业化体系。2014年7月,住房和城乡建设部出台的《关于推进建筑业发展和改革的若干意见》提出,要积极稳妥推进建筑产业现代化。产业化从此进入快速发展期。

二、BIM技术在住宅产业化应用的可行性分析

在我国,住宅产业化拥有强大的生命力,然而在发展过程中却暴露出一些问题,为了促使我国住宅产业化健康有序的发展,亟需解决这些问题。BIM技术在我国建筑行业发展优势明显。目前,BIM技术的应用已趋于成熟,将BIM技术应用于住宅产业化具有可行性。BIM技术可科学指导装配式建筑项目的管理。BIM技术可进行施工模拟,模拟施工现场构件、设备的布置,进行施工进度管理,成本管理等。应用BIM技术可使项目全生命周期更加透明且高效,可减少因设计错误、各专业沟通理解不到位带来的经济损失,还可在施工阶段进行科学合理的成本控制。

三、BIM技术在住宅产业化中的应用

(一)BIM技术在设计过程中的应用

1.深化设计

住宅产业化的深化设计是在原设计施工图的基础上,结合预制构件制造及施工工艺的特点,对设计图纸进行细化、补充和完善。传统的设计过程

是基于CAD软件的手工深化,主要依赖深化设计人员的经验,对每个构件进行深化设计,工作量大,效率低,且极易出错,将BIM技术应用于预制构件深化设计则可以避免以上问题,因为Revit软件具有三维设计特点,使结构设计师可直观地感受构件内部的配筋情况,发现配筋中存在的问题。

2.预制构件拆分与参数化配筋

BIM软件基本都是基于Revit平台的应用软件,Revit软件中的结构模型是由建筑模型导入并修改而来的,但建筑模型中的楼板外墙等构件还都是一个整块,须将连续的结构体拆分成独立的构件,以便深化加工。预制构件的分割,须考虑到结构力量的传递、建筑机能的维持、生产制造的合理、运输要求、节能保温、防风防水、耐久性等问题,以达到全面性考虑的合理化设计。在满足建筑功能和结构安全要求的前提下,预制构件应符合模数协调原则,优化预制构件的尺寸,实现"少规格、多组合",减少预制构件的种类。

构件拆分完毕后对所有的预制构件进行配筋。预制构件种类较多,配筋较复杂,工作量相当大。但因之前在建筑建模时BIM采用的是参数化模块设计,这就使后续的结构构件配筋变得方便快捷。钢筋的参数化建模是指在Tekla软件中开发自定义、可满足预制构件配筋要求的参数化配筋节点。通过Tekla软件开放的节点库建立了一系列的参数化配筋节点,并通过调整参数对构件钢筋及预埋件进行定型定位,实现对构件的参数化配筋,并将二次开发的参数化构件都保存在组件库中,供随时调用。通过参数化方式配筋,简化了烦琐的配筋工作,保证了配筋的准确性,提高了整体效率。

3.碰撞检查

预制构件经过深化设计可保证每个构件在施工现场都能准确安装,不发生错漏碰缺。但一栋普通的产业化住宅,其预制构件极多,要保证所有的预制构件在现场拼装不出现问题,可依靠BIM技术,快速准确地在BIM模型中事先消除可能发生在现场的冲突与碰撞。通过BIM技术进行碰撞检查,不仅可以将只有专业设计人员才能看懂的复杂的平面内容,转化为一般工程人员可以很容易理解的3D模型,还能够直观地判断出可能的设计错误或者内容混淆的地方。通过BIM模型还能够有效解决在2D图纸上不易发现的设计错误,找出关键点,制订解决方案,降低施工成本,提高施工效率。

4.工程量统计

在产业化住宅中,包括预制外墙、预制内墙、预制楼梯以及钢筋混凝土叠合板,不同的构件有不同的截面、材质和型号,工程量统计是一项大工程。BIM能够辅助造价人员实现工程量统计,需要借助Revit软件自身的明细表输出功能,借助软件自动生成的钢筋、混凝土、门窗等明细表,方便造价人员进行工程量统计和工程概预算。

(二)BIM技术在建造过程中的应用

1.基于BIM的预制建筑信息管理平台设计

住宅产业化项目通过深化设计后,就进入了建造阶段。由于预制构件种类繁多、信息复杂,为便于建造过程中质量管理、生产过程控制,规划建立了基于BIM的PC建筑信息管理平台。通过平台系统采集和管理工程的信息,动态掌控构件预制生产进度、仓储情况以及现场施工进度。平台既能对预制构件进行跟踪识别,又能紧密结合BIM模型,实现建筑构件信息管理的自动化。

2.预制构件信息跟踪技术

在深化设计阶段出图时,构件加工图纸可通过二维码表达每一个构件的编码。构件生产时,用手持式读写器扫描图纸二维码就能完成构件编码的识别,加快了操作人员对构件信息的识别并减少错误。在构件生产阶段,通过将RFID无线射频识别芯片植入构件中,并写入构件编码,就能完成对构件的唯一标记。通过RFID技术来实现构件跟踪管理和构建信息采集的自动化,提高了工程管理效益。

3.施工动态管理

预制构件需在施工现场进行拼装,与传统工程相比,施工工艺较复杂,工序较多,因此需对施工过程进行严格把控。Tekla软件能够对实际施工组织设计方案的动态施工进行4D仿真模拟。将各构件安装的时间先后顺序信息输入Tekla中,进行施工动态模拟,在虚拟环境下对项目建设进行精细化的模拟施工。在实际施工中,通过虚拟施工模拟,及时进行计划进度和实际进度的对比分析,优化现场的资源配置。

总之,BIM有利于工业化住宅技术的发展,也是面向我国建筑行业,创新现代服务模式,研究建筑设计行业以BIM技术在住宅产业化设计中的应用,通过BIM技术应用实践,探讨建筑行业向绿色、环保、低碳方向发展的途径。所以说,住宅产业化与BIM技术的目的一致,二者相辅相成,相互促进。住宅产业化是住宅市场发展趋势,BIM技术是一个优秀的实施平台。

第三节 基于BIM技术的老旧小区节能改造的 创新平台建设

一、创新平台概述

(一)科技创新平台的概念

平台最早是一个工程概念,指的是生产过程中设置的工作台,能够移动和升降。后来,平台逐渐演变成了一种工作所需要的条件或环境。《2004—2010年国家科技基础平台建设实施纲要》中第一次正式明确提出了"平台"这一概念,在科技创新方面引入了这一理念,全面启动了我国科技基础平台建设工作。国家科技基础平台是指利用信息网络等先进技术,对技术资源进行重组、优化技术资源和提高技术创新能力的技术平台。从这个角度来看,科技创新平台可以定义成进行科技创新活动的场地。[①]

在具体实践中,我国科技创新平台一部分是由科技园区发展而来,一部分是由高科技园区演变而来,主要是为了实现科技成果的商品化、产业化;科技创新平台由政府参与并主导,主要以创新元素为依托,以创新技术、创新设备为支撑,形成政策优惠的创新环境。

综上所述,科技创新平台是指在一定区域范围内,以科技资源开放共享为核心,通过对知识、信息、技术、政策、设备、人员等因素进行整合,集聚开展创新活动,通过产学研合作,促进科技成果的开发、转化,促进科技产品的商品化和产业化。

(二)科技创新平台的分类

1.研发平台

研发平台是指在某一产品领域内,生产设计一系列相关产品可以通用的技术,多种科学技术和设计方法的集成使得技术成为研发平台中最重要因素。只有以技术为核心进行产品创新,才能不断地提升企业的技术开发能力和水平,从而构成科技创新活动的技术平台。

2.信息及服务平台

科技创新活动以市场为导向,贯穿了区域科技创新活动的各个过程。

---

①刘荣桂.BIM技术及应用[M].北京:中国建筑工业出版社,2017:77-79.

科技创新的整个过程,包括产品构思、设计、制造和销售等环节,这些环节都需要通过信息模型和数据库管理来实现数据的交换和共享。

3.创业平台

通过创业平台可以使得科技成果以咨询服务的方式进行技术服务,以专利授权的方式进行成果转化,以合作研究开发等多种方式实现向产业转移、转化。现在我国有很多大学科技园挂牌,如北大方正、清华紫光等,不过要想实现科技成果批量转化,还需要按照市场规律建设平台。

4.管理平台

管理平台是诸多平台中最能体现政府职能的平台,平台的运作效率也体现了科技创新在一个地区的重要程度。管理平台集成各种管理职能,集成各种管理方法,集成各种管理行为,不仅将科技创新活动的创新工具、创新设备、技术手段以及产品创新活动进行整合,而且还将创新思想、创新观念、创新方法和管理实施程序进行最大程度整合,促进了科技创新活动系统的有序运行。

(三)科技创新平台的特点

科技创新平台的关联性。关联性是指要素、系统、环境之间的相互联系和关系。系统的关联性就是指平台内部之间相互联系和相互协作,只有这样才能够最大限度地发挥平台的作用。

科技创新平台的整体性。平台系统是一个有机的整体,而不是将每个部分简单相加而得到的。物质与信息保障系统处于平台运作的基础地位,专业化人才队伍是平台运作的重要保证,以共享为核心的运行机制是平台运行的核心灵魂。只有将物质、信息、人才等多种要素有效整合,才能够展现出系统的整体协同性。

科技创新平台的功能性。平台主要可以通过内容和形式两个方面来表现其功能性。首先在内容上,平台的科技资源应该为公众解决实实在在的问题和困境,应该与科技经济活动相匹配,不断满足用户的多元化需求。平台的科技资源还应该针对区域的龙头企业和特色产业,提供相关的科学技术资源支持,不断服务于产业集群和产业联盟,形成新的经济增长点和创新点,以带动社会的全面发展。其次在形式方面,科技创新平台应该在公众需求的基础上提供科技创新服务,服务方式应该体现出多元化的趋势,从根本上满足不同用户的多样需求。

科技创新平台的开放性。一般情况下,系统与其所处的环境间在不间断地交换信息资源、物质资源以及能量,当外界环境发生变化时,系统也会产生相应的调整和变化,这也会在同一时间影响系统内部的功能性和关联性。系统因为拥有开放性这一特征,就会在外界政策发生改变时不断地进行信息更新。此外,平台还会加大与其他平台交流的力度和频率,有力地提升了建设效率,促进了资源共享。

二、创新平台建设的意义

科技创新在当今社会渐渐成为完善社会主义市场经济体系、推动新旧动能转化的重要利器。在科技创新的众多抓手中,科技创新平台有力推动了科技创新驱动发展战略,使得先进的科学和技术运用到实际生产当中,转化为真正的生产力,大力促进了经济的发展和生产力的变革。因此,我们认为科技创新平台建设是当前科技创新工作的重中之重。

世界上大部分国家都很重视科研平台的构建,将科研平台进行详细划分,推动了区域科技创新。我国对科技创新平台的建设也十分重视,政府出台的《2004—2010 国家科技基础条件平台建设纲要》,拉开了我国相关创新平台建设的序幕,科技创新平台从此有力地促进了社会科技创新。《发展规划纲要国家中长期科学和技术》以及《国务院关于加快科技服务业发展的若干意见》等文件相继出台,对平台建设进行了更进一步阐释。2014 年 8 月,国务院积极推进科技创新平台建设,把平台建设重心放在研发中介、知识产权、创业孵化等领域。2015 年 3 月,《关于深化加快实施体制机制改革创新驱动发展战略的若干意见》的出台,有力营造了大众创业、万众创新的社会氛围。我们可以看出,中央已将科技创新平台建设视为科技创新的基础性工作,视为营造良好创新环境的重要措施。

三、项目实施对创新平台建设的作用

由于施工行业上下游产业链长、参建各方众多、投资周期长、不确定性风险程度高等因素,更加需要和强调资源的整合与业务的协同。从 BIM 的内涵来看,BIM 是以三维数字技术为基础,集成了建筑工程项目各种相关信息的工程数据模型,是对工程项目设施实体与功能特性的数字化表达。一个完善的信息模型,能够连接建筑项目生命期不同阶段的数据、过程和资源,是对工程对象的完整描述,可被建设项目各参与方普遍使用。因此,BIM

技术的应用和推广必将为施工行业科技创新和生产力的提高提供很好的手段。为了更好地促进行业的发展,推动BIM技术的应用,住房和城乡建设部在《2011—2015年建筑业信息化发展纲要》中明确指出:加快推广BIM协同技术,虚拟现实4D项目管理等技术在勘察设计、施工和工程项目管理中的应用,改进传统的生产与管理模式,提升企业的生产效率和管理水平。可以说,纲要的颁布拉开了BIM技术在我国施工行业全面推进的序幕。

BIM技术应用可以促进项目管理水平提升和生产效率的提高。BIM具有可视化、数量化和数字化的特性,对项目管理从沟通、协作、预控等方面得到了极大的加强。方便各方人员基于统一的BIM模型进行沟通协调与协同工作。利用BIM技术可以提高设计质量,有力地保证了执行过程中造价的快速确定,控制设计变更,减少返工,降低成本,并能大大降低设计、招标与合同执行的风险。

BIM技术应用可以提升项目集成化交付的能力。BIM模型信息的完备性、关联性和一致性使得项目各个阶段、项目参建各方都有了统一的集成管理环境。随着BIM建筑信息模型数据从规划、设计、施工到运维等各个阶段不断得到创建、整合与升级,为建筑全生命期各阶段的工程进度、质量、安全、材料和成本等业务的集成化管理提供了有力支撑。

BIM技术应用可以为管理信息系统提供及时、有效和真实的数据支撑。BIM模型提供了一个贯穿项目始终的数据库,实现了项目全生命周期数据的集成与整合,能有效支撑管理信息系统的运行与分析,实现项目信息化与企业管理信息化的有效结合。可以说,BIM技术是引领施工行业信息化走向更高层次的一种新技术,它的全面应用将为施工行业的科技进步产生无可估量的影响,大大提高了建筑工程的集成化程度。同时,也为施工行业的发展带来巨大的效益,使规划、设计、施工乃至整个工程的质量和效率得到提高,降低成本,减少返工,减少浪费,促进了项目的精益管理,加快了行业的发展步伐。

第四节 基于BIM技术的老旧小区节能改造的 人才队伍建设

BIM作为一种全新的理念和技术,是建筑行业技术发展的必然趋势,是实现建筑规划、设计、施工、运维、拆除等全生命过程信息化的必要手段。与传统的 2D-CAD 技术相比，BIM 具有协作性、模拟性、可视化、优化性及可出图性等优点。当前，世界各国都在推广 BIM' 的应用，国外近 70% 的设计机构、管理公司、工程施工单位都将 BIM 作为改进工作流程和拓展业务的重要途径，我国大多数甲级设计院与施工企业均建有 BIM 工作站。然而，目前 BIM 人才的缺乏已经成为 BIM 发展的主要瓶颈，《中国工程建设 BIM 应用研究报告 2012》中指出，企业没有使用 BIM 软件的主要原因是没有 BIM 人才，迫切需要培养大批的建筑工程 BIM 设计与施工组织技术人才。因此，为给企业输送掌握一定 BIM 基础及专业知识的 BIM 人才，推动 BIM 技术在行业中广泛应用，在建筑与土木工程专业中将 BIM 技术引入本科培养课程体系中是十分必要的。为提高高校本科生的工程创新能力和工程实践能力，使其及时抢占 BIM 领域的制高点，针对建筑、土木工程、暖通及工程管理等专业，开设 BIM 相关课程，对促进人才培养、推进建筑行业发展至关重要。现阶段，如何在不改变现有课程体系的条件下，将 BIM 技术融入本科人才培养的全过程是亟待解决的关键问题。①

一、BIM 技术在国内外高校的应用现状

美国许多高校已将 BIM 纳入本科一系列课程当中，其主要推动力就是软件供应商与学校项目间的合作，如欧特克为学校教学项目提供了免费通行证。通过学术调查结果显示，美国目前 70% 的学校已经将 BIM 融入课程中，并且那些目前没有设置课程的学校，也有 97% 的学校即将把 BIM 纳入其课程中。BIM 在建筑、土木工程和施工工程中具有以下三个方面的作用，一是 BIM 软件可以帮助学生了解整体建筑设计；二是 BIM 将概念设计理念与建筑技术相结合，有助于学生考虑建筑成本、可施工性及环境影响等因素；三是可以帮助学生学习协调与合作。对于不同的学校，课程设置模式不同，有些学校将 BIM 贯穿到所有课程中进行讲授，有些则集中在一门课程中讲解。奥本大学（Auburn University）在本科生课程中开设面向施工专业学生的 BIM 软件课程，通过实践发现，将 BIM 贯穿到一系列课程更加重要。因为学习 BIM 需要一系列核心技能，如果仅在一门课程中应用 BIM，其作用不能有效发挥。科罗拉多州立大学（Colorado State University）施工管理系在大一时

---

①田志芳.BIM 技术应用基础及实务研究[M]. 长春:吉林科学技术出版社,2020:43-45.

就开设BIM课程,培养学生的建模能力。之后,又将BIM的内容融入专业知识学习中,比如结构和造价等。宾夕法尼亚州立大学(The PennsyIvania State University)建立跨学科的BIM协作工作室,实现学生与实际项目设计团队的紧密合作。内布拉斯加大学林肯分校(Uninversity of Nebraska Lincoln)在建筑工程、土木工程和施工工程三个专业从大一到大四各个阶段都开设BIM课程,将其贯穿于整个大学的学习过程中。宾州州立大学(Penn State)与内布拉斯加大学林肯分校类似,建立了以BIM和IPD(集成产品开发)为平台的一体化设计教学课程,针对建筑、设备施工等专业开设相关BIM课程,以培养学生在不同专业之间的协作工作能力。另外,一些学校采用了BIM辅助的建筑绿色设计课程,2010年佛罗里达大学Rinker学院将BIM-for-LEED试点课程纳入培养体系。课程分两个部分,第一部分主要教授建模软件,要求学生掌握Revit BIM解决方案和其他的BIM分析工具,第二部分根据学生的本科专业将学生进行分组,每个小组成员发挥各自的作用,小组之间协作共同完成整个项目。

随着BIM技术应用的深入,我国越来越多的建筑与土木工程类院校意识到BIM的重要性。部分高校在本科领域增设与BIM相关的软件课程,如清华大学、同济大学、天津大学、大连理工大学、西安建筑科技大学、沈阳建筑大学等。部分高校通过教学改革将BIM逐渐融入课程体系,如中南大学、江苏科技大学等。清华大学建筑学院结合实习课程和毕业设计进行了BIM软件教学,增加了BIM与协同设计的理论教学内容,增加了小学期Revit软件教学与实践课程,实践课程内容包括建模及Ecotect模拟分析实践。大连理工大学建筑学专业联合Autodesk公司的数字化培训平台,在二年级下学期讲授Revit Architecture,该课程分为BIM概论引入阶段、BIM应用培训阶段和设计实践阶段。中南大学在建筑学本科生中,挑选年级作为教学改革实验年级,在教学团队教学方法、教学内容上进行了一系列改革与创新。江苏科技大学在真实案例实践教学的基础上,借助BIM技术平台,将工程管理专业基础课和专业课有机结合起来,形成了一个有系统、有层次的知识体系,让学生系统、全面、可视化地了解工程设计、工程造价管理、工程招投标、施工管理、合同管理、运营管理等一系列内容。另外,许多高校通过设置科研机构、组建研究团队开展对BIM的研究与应用。如清华大学的CBIMS是中国BIM标准框架研究团队;上海交通大学BIM研究团队与上海现代建筑设计集团和中国建筑科学研究院合作,从事建筑信息模型的数据共享与转换及建筑协同设计平台关键技术研究;2012年,华中科技大学率先开设国内首个工程硕士班,培养BIM综合管理人才以推动BIM技术在我国的发展。

二、BIM人才的就业前景

BIM能够在短短的几年中得到如此广泛的关注,其根本原因还是因为它能够为工程项目带来明显的经济效益和成本降低,因此在BIM技术的推广队伍中走在最前面的恰好是工程项目中参与各方中的"大哥"——业主。例如,已投入使用的上海迪斯尼乐园的业主TheWaltDisneyCompany在招投标阶段就明确要求投标单位使用BIM技术进行设计、施工等工作。

整体来看,BIM技术的应用在带给业主、施工单位、物业公司等参与方效益的同时,对设计阶段的工作则提出了更高的要求。建设单位、设计单位、施工单位将是BIM人才的主要聚集地。

从岗位来看,BIM技术的推广将逐渐催生一个专门运用BIM工具(软件),协助参建各方进行工程设计、施工组织、物业管理等各种工作的咨询服务岗位。BIM人才的岗位将具有与现在的项目经理类似的职能,譬如:跟随工程项目工作、对工程项目承担相应责任、参与项目的全生命周期管理等,其工作内容和复杂程度决定了BIM人才在同一时间只能参与极少数项目的建设工作,这就意味着未来对BIM人才的需求将随着市场对BIM技术的逐渐认同而增加。

三、合格的BIM人才应具备的能力

在美国普林斯顿大学等四所大学编写的BIM标准中,均提到了"集成高效设计""团队协同"等关键词。可见合格的BIM人才必须要有全局观念和多专业协调的能力,而绝非仅仅是学会某一款新的软件就能满足BIM的理念要求。除了能够熟练使用各种BIM工具(软件)以外,对于一个合格的BIM人才来说,扎实的专业背景(即使仅是某单一专业,例如房屋建筑)也是必不可少的基础,还应该对其他专业的工作有一定程度的认识,而且更应该有自主学习、与他人沟通的能力,这样才能满足工程项目带来的各种要求。简单地讲,合格的BIM人才应该具有:相关专业背景、广泛的建筑专业知识、对BIM技术理解和能运用、能利用前面的条件协调多个专业工程师之间工作的能力。

四、土木工程专业本科生向BIM岗位转型的优势与劣势

因为国内土木工程专业长期以来遵循"大土木"的理念,使得土木工程专业学生在一定程度上具有学习BIM技术的天然优势。譬如,从土木工程(房建方向)的本科课程中,多数高校都开设了工程概预算、建筑设备、工程项目管理、建筑结构CAD等选修课程。从就业方面看,土木工程专业学生的广泛就业面也能侧面证明土木工程专业有开展学习BIM的良好基础。

但在课程安排上也存在一定的劣势。

一是土木工程本科多没有开设BIM或相关工程管理理念的课程,而是侧重工程设计和施工技术,学生缺乏BIM相关的理论知识。

二是在软件理论和应用上,学生多因培养方案而更重视AutoCAD、PK-PM等工程设计和工程制图软件,对Revit等BIM工具并不是十分了解,再加之BIM软件工具尚在推广、对硬件要求较高等现状,学生学习BIM技术有一定的难度。

五、土木工程本科高校面对BIM就业需求的机遇与挑战

国内多所高校正在抓住BIM的改革机遇,例如华中科大成立了BIM工程硕士点,清华大学已与Autodesk公司、广联达软件公司等知名企业共同制定了若干BIM框架等,普通高校也都面临着BIM就业的机遇和挑战。

(一)BIM对教学资源的高要求将是前所未有的

BIM技术明显的特点包括了信息化、可视化、多专业协同,如果在高校教学中大规模推广,落后的计算机硬件首先就无法满足以Revit为代表的BIM工具的需要;多专业协同则要求最好具备齐备的专业设置(包括土木、电气、造价等),这些是国内许多高校无法在短时间内达到的。

(二)师资力量的短缺

BIM技术初步成型且尚在推广,不论是理论层面还是实践层面都尚在完善,优秀的师资力量往往并没有集中在高校而是在社会企业中,而且BIM师资的培养绝不是靠一两门课程就能达成的,需要教师在企业和项目中的长期磨炼才能达到真正的"授业解惑",所以师资的培养不论是从数量和质量上都具有一定的难度,这将是一个长期的过程。

（三）缺少可以用于教学的 BIM 项目

与传统的建筑设计或桥梁设计不同，BIM 概念是基于全寿命周期的管理理念，这就意味着 BIM 的覆盖范围要比土木工程专业的教学范围大，而且覆盖的时间轴也更长，从项目策划到后期维护都会是 BIM 的范畴。静态的、模拟的学习和设计明显不能满足高质量的 BIM 教学，加之目前国内真正完全地、成功地运用 BIM 技术的项目仍然很少，不论是对模拟教学还对是参与式教学都是难题。

参考文献

[1]BIM 工程技术人员专业技能培训用书编委会.BIM 技术概论[M].北京:中国建筑工业出版社,2016.

[2]安娜,王全杰.BIM 建模基础[M].北京:北京理工大学出版社,2020.

[3]陈宏,张杰.建筑节能[M].北京:知识产权出版社,2019.

[4]程伟.BIM 技术[M].北京:清华大学出版社,2019.

[5]崔斯文,魏兴.基于增值寿命的节能改造项目综合效益影响因素动态反馈分析[J].科技进步与对策,2014,31(11):147-151.

[6]范同顺,苏玮.基于智能化工程的建筑能效管理策略研究[M].北京:中国建筑工业出版社,2015.

[7]胡文斌.教育绿色建筑及工业建筑节能[M].昆明:云南大学出版社,2019.

[8]姜灿坤.老旧小区建筑节能改造措施适用性研究——以西安市某小区为例[J].城市建筑.2020,17(22):168-170.

[9]李国太.BIM 技术与应用[M].北京:北京出版社,2020.

[10]李建成,王广斌.BIM 应用.导论[M].上海:同济大学出版社,2014.

[11]李建成.数字化建筑设计概论[M].北京:中国建筑工业出版社,2012.

[12]李伟,黄菲.BIM 建模与应用技术指南[M].北京:中国城市出版社,2016.

[13]李益,常莉.BIM 技术概论[M].北京:清华大学出版社,2019.

[14]廖艳林.基于 BIM 技术的装配式建筑研究[M].北京:中国纺织出版

社,2019.

[15]刘存刚,彭峰.绿色建筑理念下的建筑节能研究[M].长春:吉林教育出版社,2020.

[16]刘霖,基于BIM技术的施工安全管理研究[D].重庆:重庆大学,2017.

[17]刘荣桂.BIM技术及应用[M].北京:中国建筑工业出版社,2017.

[18]刘占省.装配式建筑BIM技术概论[M].北京:中国建筑工业出版社,2019.

[19]吕小彪.建筑信息模型技术方法与应用 建筑构造语言的BIM表达[M].北京:测绘出版社,2018.

[20]平顶山工学院.建筑节能技术[D].平顶山工学院,2017.

[21]全国建筑电气设计技术协作及情报交流网.现代建筑电气设计技术2005年[M].成都:四川科学技术出版社,2005.

[22]任青,高恒聚.BIM技术基础[M].上海:上海交通大学出版社,2017.

[23]史晓燕,王鹏.建筑节能技术[M].北京:北京理工大学出版社,2020.

[24]史晓燕.建筑节能技术[M].北京:北京理工大学出版社,2020.

[25]田志芳.BIM技术应用基础及实务研究[M].长春:吉林科学技术出版社,2020.